Die Menschen lieben Geschichten

Impressum

2. Auflage 2022

Redaktionsleitung: Marian Prill
Redaktion: Kurt Andreas Höller, Daniela Monika Erber, Sabrina Fechtner, Pia Heßler, Patricia Pfarr, Andreas Meier

Buchinterview: Lynn Kühner
Lektorat: Samira Grobe & Silke Hecht
Cover: Melissa vom Marian Prill Verlag
Buchsatz: Michelle Hürten

Marian Prill Verlag
Schwartauer Allee 69
23554 Lübeck

Bibliografische Information der Deutschen Nationalbibliothek:
Die Deutsche Nationalbibliothek verzeichnet diese Publikation in der Deutschen Nationalbibliografie; detaillierte bibliografische Daten sind im Internet abrufbar unter: http://dnb.d-nb.de

ISBN 978-3-949265-07-5

Udo Barth

DIE MENSCHEN LIEBEN GESCHICHTEN

Personalgewinnung des 21. Jahrhunderts mit Storytelling und Social Media

MARIAN PRILL VERLAG
Sprechend Buchautor werden

Udo Barth, Jahrgang 1968, Diplom-Kommunikationswirt, ist Inhaber der AmmerseeAkademie und als Business-Coach und Verkaufstrainer aktiv. Er empfiehlt Personalverantwortlichen, sich intensiv mit dem Thema Storytelling auseinanderzusetzen, um personellen Engpässen entgegenzuwirken.

Inhaltsverzeichnis

Wie dieses Buch funktioniert

Jedes Kapitel in diesem Buch wird von einem solchen Kapiteltrenner mit jeweils einem individuellen QR-Code und einem Webseitenlink abgeschlossen. Damit sind sich Leserschaft und Autor so nah, wie es in der Vergangenheit durch ein Buch kaum möglich war.

autorenclub.de/ub

Über den Zugang zur Internetseite des Autors lassen sich die einzelnen Buchkapitel kommentieren. Neben Feedbacks sind auch Fragestellungen möglich, die der Autor per Sprachnachricht oder E-Mail beantworten wird.

Entscheide selbst, ob du Udo Barth persönlich Feedback geben möchtest oder deine Meinung mit der gesamten Leserschaft teilst. Wenn Fragen zur Interaktion mit dem Autor aufkommen, beantwortet unser Verlagsteam diese gerne unter: leserfragen@marianprill-verlag.de

Wieso Einstellungsgespräche am Lagerfeuer stattfinden sollten

Die Menschen lieben Geschichten. Seit Anbeginn der Zeit wurde Wissen über Generationen hinweg am Lagerfeuer weitergetragen.

Studien zufolge können sich Menschen Zahlen, Daten und Fakten bis zu 22-mal besser merken, wenn diese über Geschichten transportiert werden. Und weil es schon eine ganze Reihe von Büchern zum Thema Storytelling gibt, aber noch keinen einzigen Titel darüber, zumindest nicht nach meinem Kenntnisstand, wie sich dieses Werkzeug sinnvoll bei der Personalgewinnung bzw. im Recruiting einsetzen lässt, möchte ich diese Lücke schließen.

Ich bin Jahrgang 68 und nach meinem Studium zum Diplom-Kommunikationswirt war ich über 20 Jahre für die Vermarktung von Tageszeitungen aus ganz Deutschland in Bayern und Baden-Württemberg verantwortlich. Schon als 16-Jähriger wurde ich Fußballtrainer und habe 34 Jahre lang so ziemlich alle Altersklassen trainiert – von der Pampers-Liga bis zu den Erwachsenen. Über die Jahrzehnte lernte ich, dass Teams, die zu defensiv agierten, erfolglos vom Platz gingen. Dass sich diese Erkenntnis voll und ganz aufs Recruiting übertragen lässt, liegt auf der Hand.

Ganz klar: Nur Unternehmen, die heute aktiv am Markt sind und sich offensiv engagieren, um Personal zu finden, haben die besten Chancen, die Fachkräfte zu bekommen, die sie brauchen und suchen. Von nichts kommt nichts. Und hier schließt sich der Kreis. Storytelling ist das perfekte Werkzeug, um die künftigen Mitarbeiter emotional abzuholen. Die konservativ-klassischen Recruiting-Maßnahmen, die Anzeigen nach Schema F – „Wir suchen, wir bieten“ – bringen schon längst nicht mehr den gewohnten Erfolg wie früher. Wir müssen neue Wege gehen, Vertrauen aufbauen, die eigene Leistung präsentieren, eben nicht nur den Kunden, sondern auch den Mitarbeitern von morgen.

Mir liegt es fern, den gestreckten Zeigefinger in die Luft zu heben und die Anleitung für das richtige Recruiting zu diktieren. Stattdessen habe ich mich dazu entschieden, Erkenntnisse und Lösungsideen in Form einer Geschichte zu erzählen, um den Lesern zu präsentieren, wie wirkungsvoll sich Storys ihren Weg bahnen.

Dieser Business-Roman ist für Geschäftsführer, Inhaber und Personalverantwortliche aus den Bereichen Pflege, Handwerk, IT, Industrie und Gastronomie gedacht. Sie können sich von den Figuren, die ich im Folgenden gleich noch kurz vorstelle, inspirieren lassen und werden sich an der einen oder anderen Stelle vielleicht sich selbst oder Mitarbeiter wiedererkennen.

Es ist kein Geheimnis, dass in der Gastronomie die Fluktuation extrem groß ist und diese Branche bisher immer auf der Suche nach geeignetem Personal war. Ob dieser Trend weiterhin anhält, auch bedingt durch die aktuelle Krise, bleibt abzuwarten.

Unverzichtbar jedoch sind kreative Einfälle, um Menschen dazu zu motivieren, in einem Unternehmen einen großen Teil der Lebenszeit gegen ein Gehalt am Ende des Monats zu tauschen.

Von diesen Ideen können Personalverantwortliche in der IT ein Lied singen. Sie wissen ganz genau, dass sich in ihrem Bereich viele Freigeister tummeln, die am liebsten ortsunabhängig und gerne auch projektbezogen arbeiten wollen. Sie sind es, die sich ihre Arbeitgeber aussuchen, eher selten ist es noch andersherum. Bekommen sie in Aussicht gestellt, angemessen gefordert und vor allem gefördert zu werden, auf ein gutes Team zu treffen und Spaß haben zu können, sind sie zur Anstellung bereit. Der Bedarf an guten Entwicklern ist schier unerschöpflich. Die Unternehmen, die großen Bedarf und vor allem Nachholbedarf haben, sind schlicht und ergreifend nicht im Fokus der Programmierer. Es gibt viele gute Unternehmen, die die PS nicht auf die Straße bringen, obwohl der Weg dorthin längst nicht so schwierig ist, wie es manche Personalverantwortliche vermuten könnten.

Im Pflegebereich hingegen hat sich ein Legionärstum etabliert. Weil der Job überall der gleiche ist, sich naturgemäß vergleichen lässt, wechseln die Leute, sobald eine Institution mehr Geld bezahlt. Dass die Pflegeunternehmen alle Hände voll zu tun haben, um die Ersatzbank zu füllen, scheint enorme Energie zu verschlingen. Würden sie es stattdessen schaffen, als attraktiver Arbeitgeber zu glänzen und das eben nicht nur übers Gehalt, sondern auch durch Teambuilding, Kommunikation und Zusammenhalt, dann wäre Storytelling mitunter das beste Mittel, um damit eine einzigartige Positionierung publik zu machen. Mit intelligenten Maßnahmen und deren Bekanntmachung lassen sich Mitarbeiter länger halten.

Damit das Buch so gelingen konnte, wie ich es mir vorgestellt habe, engagierte ich die TV- und Radiojournalistin Lynn Kühner. In regelmäßigen Abständen telefonierten wir und entwickelten fernmündlich die Buchinhalte. Dieses Buch ist mein erstes Buch und die Art und Weise, wie es entstanden ist, war eine fantastische Erfahrung. Wir überlegten uns passende Charaktere und den perfekten Ort des Geschehens, an dem Menschen aufeinandertrafen, die sich augenscheinlich in Gänze voneinander unterschieden und doch Herausforderungen zu meistern haben, die sich sehr ähneln. Im Laufe der Gespräche, bei denen wir nicht nur einmal herzhaft lachen mussten, entwickelten die Figuren ein regelrechtes Eigenleben.

Damit Sie sofort wissen, worum es geht, bereite ich Sie noch auf den Ort des Geschehens und auf die Figuren vor, sodass Sie sofort in die Situation einsteigen und die Charaktere bei ihrem Wirken beobachten können.

Frankfurt Flughafen. Fluglotsenstreik.

Helmut Ernst, Inhaber eines Automobilzuliefererbetriebes und ein sehr erfolgreicher Geschäftsmann, kommt gerade bestens gelaunt von einem Übernahmegespräch. Er ist auf dem Weg zum Firmenjubiläum eines langjährigen Geschäftspartners, zu dem er nach Potsdam eingeladen wurde.

Linh Cooper-Li, eine IT-Managerin mit asiatisch-amerikanischen Wurzeln, eine richtige Powerfrau, kommt hingegen gerade von einem Kundenmeeting, das alles andere als optimal verlaufen ist. Sie hat enormen Druck, weil die Implementierung der neuen Software leider nicht termingerecht stattfinden konnte. Zudem plagen sie personelle Reibereien: einer der Köpfe ihres Entwicklerteams droht zu kündigen.

Angelika Wildt ist langjährige Mitarbeiterin mit Personalverantwortung in einer Pflegeeinrichtung und kommt gerade von einem zweitägigen Seminar zurück, bei dem es um agiles Arbeiten ging. Von den Eindrücken beseelt hat sie genaue Vorstellungen davon, was sie in Zukunft gerne verbessern möchte. Aus dem Augenwinkel bekommt sie die telefonischen Entgleisungen von Linh Cooper-Li mit, deren Nerven blank liegen.

Olli Schenker hat mit Stress nichts am Hut. Der glamouröse Lebemann ist ein erfolgreicher Gastronom. Als die IT-Managerin in der Sitzecke des Flughafens laut wird, reagiert er angemessen und versorgt die unfreiwillig gestrandeten Fluggäste mit einem Glas Sekt, um die Stimmung aufzulockern. Olli Schenker wartet auf einen Freund, mit dem er sich für einen Flug nach Sylt verabredet hat, wo ein gemeinsamer Bekannter in Kürze ein Restaurant eröffnen wird.

Sebastian Kammnagel wiederum hat mit Feiern weniger am Hut. Er ist selbständiger Schreinermeister und fällt vielmehr durch seine Zurückhaltung auf. Der Handwerker führt einen erfolgreichen Betrieb und macht sich Sorgen, weil er zu viele Aufträge mit seinem Team unter Volllast bearbeiten muss und nicht weiß, wie lange dieses Tempo noch zu halten ist. Das widerstrebt seinem Sinn nach Familie und Ausgeglichenheit.

Und last but not least komplettiert Marc Frisch diese Runde der ungewöhnlichen Reisegruppe. Marc Frisch ist ein cleverer junger Mann, der mit dem PC aufgewachsen ist und, wie sollte es auch anders sein, als begnadeter Entwickler durch die Welt tourt. Er reist nach Frankfurt, um von da aus nach London zu fliegen. Denn dort wartet ein Angebot auf ihn, das er nicht ablehnen konnte.

Und nun heißt es Bühne frei für Storytelling im Recruiting. Ich wünsche Ihnen viel Spaß beim Lesen und viele neue Impulse für die Personalgewinnung.

Ihr Udo Barth

Wieso Einstellungsgespräche am Lagerfeuer stattfinden sollten

Zeit für eine kleine Pause. Was kommt dir in den Sinn, wenn du dieses Kapitel auf dich wirken lässt? Worüber denkst du nach? Udo Barth freut sich auf Feedback und Fragen.

autorenclub.de/ub/1

Über den Zugang zur Internetseite des Autors lassen sich die einzelnen Buchkapitel kommentieren. Neben Feedbacks sind auch Fragestellungen möglich, die der Autor per Sprachnachricht oder E-Mail beantworten wird.

Entscheide selbst, ob du Udo Barth persönlich Feedback geben möchtest oder deine Meinung mit der gesamten Leserschaft teilst. Wenn Fragen zur Interaktion mit dem Autor aufkommen, beantwortet unser Verlagsteam diese gerne unter: leserfragen@marianprill-verlag.de

Marc Frisch, 20 Jahre, Softwareentwickler: Gerade auf dem Weg nach London, wo sein Urlaub in ein Beschäftigungsverhältnis mündet.

Startschwierigkeiten: Reise mit Hindernissen

„Heute ist der Tag der Tage“, denke ich mir und springe voller Vorfreude aus dem Bett. Noch schnell den Rucksack packen und dann geht es ab zum Flughafen: „London is calling!“ Wie lange ist es wohl her, seit ich das letzte Mal in dieser energiegeladenen Stadt war, frage ich mich, während ich mein Netzteil für den Laptop suche. Weder komme ich auf die Antwort, noch finde ich das Netzteil. Ich suche überall: auf dem Schreibtisch, der mal wieder entrümpelt werden sollte, in der Schublade und meiner Tasche, in der Küche und im Wohnzimmer. Umso mehr ich mich bemühe leise zu sein, desto lauter knarren die Dielen bei jedem Schritt. Wo habe ich es bloß hingelegt? Dass ich die Packliste gestern erstellt habe, war eine gute Idee: Aus Lustlosigkeit aufs Packen zu verzichten aber offenbar die falsche Entscheidung.

Und dann passiert, was ich vermeiden wollte: Meine Mitbewohnerin öffnet ihre knarrende Zimmertür des Münchner Altbaus. Ihre Stimme schrillt in meine Gehörgänge: „Marc, geht das nicht auch leiser?“ Dann donnert sie die Tür ins Schloss. Lina ist eine 20-jährige BWL-Studentin mit langen blonden Haaren. Uns verbindet lediglich das Alter. Sie hört Chartmusik, fährt einen Mittelklassewagen, der in Bayern gebaut und ihr von ihrem Vater geschenkt wurde. Zudem achtet sie stets auf gutes Aussehen. Selbst wenn sie die Tür öffnet, um mich wegen der Lautstärke zu maßregeln, sind ihre Haare tadellos gestylt und das Outfit sitzt mal wieder perfekt.

Heute geht’s nun endlich in die Freiheit. Ein letzter Blick auf die Packliste: Laptop, Tablet, alle Netzteile sind jetzt vorhanden, drei Hosen, Shirts, Shorts und Socken, zwei Paar Schuhe, Hygieneartikel und drei Bücher, die ich schon immer mal lesen wollte.

Als die Haustür in der Theresienstraße hinter mir schließt, starte ich die XCar-App, um den Wagen des Carsharing-Anbieters zu finden. Doch was ist das? Fehlanzeige: Das Auto steht nicht an der vermuteten Position eine Straße weiter. Ein Blick auf die Uhr und ich weiß, dass es heute verdammt eng werden kann, wenn ich den Flieger noch bekommen möchte. Ich rufe bei XCar an und hänge erst einmal 5 Minuten in der Warteschleife. Ich bin nervös, laufe auf und ab, auf und ab, auf und ab. Freunde! Was ist das bloß für ein Support in der heutigen Zeit. Das gibt es doch nicht. Es tutet zwei weitere Male und endlich meldet sich eine Stimme, die mir gefällt: „Tanja Schmidbauer von XCar, wie kann ich dir helfen?" Ich schildere ihr mein Problem.

„Das ist wirklich seltsam", stimmt Tanja mir zu und bittet mich, mich zu verifizieren.

Als ich mein Portemonnaie aus der Tasche ziehe, um an meine Mitgliedsnummer zu kommen, saust mir der Haustürschlüssel aus der Hose. Meine Oma sprach immer davon, dass jemand mit dem verkehrten Bein zuerst aufgestanden ist, wenn sich die Missgeschicke häufen. Das scheint heute so ein Tag zu sein. Doch Glück im Unglück: Es gibt eine andere Mobilitäts-Option für mich. Etwa 300 Meter weiter steht in der Augustenstraße ein Elektrowagen, den mir Tanja Schmidbauer aus der Ferne öffnet. Ich springe in den Wagen, der noch sehr neu riecht. Einen Zündschlüssel brauche ich nicht zum Starten des Motors. Knopf drücken und los geht's.

Während ich auf dem Weg zum Busbahnhof nach Fröttmaning bin, höre ich meine Playlist auf Spotify. Nichts geht über Electro, passend zum E-Auto. Und auch die Band Unheilig höre ich gerne, weil ich sie mit meinem Vater verbinde. Er hat mir früher mal davon erzählt, dass alle Stadtteile, die hier im Süden auf „ing" enden, einen sehr frühen Ursprung haben. Was mir alles durch den Kopf fliegt. Wahrscheinlich kompensiere ich den Stress, denn ich habe gewaltig Zeit verloren. Ein besseres Zeitmanagement steht demnächst auf meiner To-do-Liste. Glücklicherweise lockert sich der

Verkehr auf und ich komme gut durch. Die Ampeln stehen auf grün. Ein gutes Zeichen. Und da hinten sehe ich auch den Bus, der mir lila entgegen leuchtet und mit dem es gleich weiter nach Frankfurt geht. Der Bus ist mittelmäßig gefüllt. Ich habe Glück, denn der Platz neben mir ist und bleibt frei. Durchatmen ist angesagt. Die Leute um mich herum wirken recht entspannt. Das tut gut. Es fühlt sich heute das erste Mal nach Urlaub an.

Der Busfahrer stellt sich als Siggi vor. Haben eigentlich alle Fahrer so lustige Namen? Er ist witzig, bringt noch ein paar Sprüche und tritt dann aufs Gas. Es sieht danach aus, dass einer vergnüglichen Reise nach Frankfurt nichts mehr im Wege steht. „Ich bin auf dem Weg", schreibe ich Thomas, den ich nachher am Flughafen treffen werde. 400 Kilometer, einige Stunden Zeit für mich und mein erstes Buch, in das ich eintauche. Es heißt „Keine Regeln". Verfasst wurde es vom Netflix-Gründer Reed Hastings. Auch ein „ing" – wahrscheinlich eine alte Familie. Nicht ganz so alt ist das Thema, das darin beschrieben wird und mich in den Bann zieht.

Der Netflix-Chef erzählt von seinen Erfahrungen, die er als Boss einer Softwarefirma sammelte. Viele Fehler waren ihm und seinen Kollegen unterlaufen. Und diese Fehler wollte er im neuen Unternehmen, das er drei Jahre vor meiner Geburt gründete, nicht mehr wiederholen. Spannend zu lesen, wie aus einem kleinen DVD-Verleiher ein solcher Unterhaltungskonzern wachsen konnte. Während ich Seite für Seite verschlinge, bringt uns Siggi immer näher ans Ziel.

Eine kleine Gruppe hinter mir feiert ausgelassen den Geburtstag von Sarah. Dass sie singen und dabei keinen Ton treffen, stört mich kaum. Ein älterer Mann sitzt mit einem riesigen Kopfhörer drei Plätze vor mir und nickt die ganze Zeit, offenbar im Takt der Musik. Es sieht aus, als würde er Hiphop hören. Eine verrückte Reisegruppe. Noch kurz ein Selfie, um mich an den Anfang meiner Urlaubsreise zu erinnern, die in London nahtlos in ein Beschäftigtenverhältnis übergehen wird. Wenn auch nur auf sechs Monate befristet. Meine Skills in puncto Softwareentwicklung werden auch in Großbritannien geschätzt. Ich freue mich, dass Thomas den Draht zur Company hergestellt hat und ich mit John, dem Chef der Firma, gleich von Anfang an gut klar kam.

Und dann ist es so weit. Der Bus kommt zum Halten. Siggi winkt den Aussteigenden mit seiner Mütze zu und macht den Fahrgästen unterschwellig klar, sie könnten ihm doch auch noch etwas Trinkgeld da lassen. Ich bin dankbar, dass ich hier angekommen bin. Zwei Euro rollen aus meiner Hand in sein Cap und es klingt danach, als ob es nicht die einzige Münze gewesen ist. Ich bin wieder gut in der Zeit und brauche nur noch ein paar Minuten zu Fuß bis zum Terminal.

Ein paar Meter vor mir zieht ein älterer Herr, adrett gekleidet, einen wertigen Trolley hinter sich her, während er mit der anderen Hand das Telefon ans Ohr presst. Er scheint sehr beschäftigt zu sein, denn als ein Windstoß ihm den Schal abnimmt, bemerkt er dies nicht. Ich aber schon. Ich hebe ihn auf, erhöhe mein Tempo, um den Senior einzuholen und ihm sein gutes Stück zurückzugeben. Ein etwa 60-Jähriger strahlt mich hocherfreut an und signalisiert mir, einen kurzen Moment zu warten. Nachdem er das Telefonat beendet hat, sagt er: „Junger Mann, das ist sehr freundlich von Ihnen. Dies hier ist ein Geschenk meiner Frau“, ergänzt der Mann, der Helmut Ernst heißt, wie sich wenig später herausstellt.

Gerade schon als sich unsere Wege wieder trennen sollten, schnarrt eine weibliche Stimme durch die Lautsprecher: „Meine Damen und Herren, bitte beachten Sie, dass aufgrund eines Fluglotsenstreiks die Flüge für mindestens drei Stunden eingestellt sind. Wir bitten um Entschuldigung und bedanken uns für Ihr Verständnis.“

Verständnislos schauen wir uns an. Während ich mit dem Kopf schüttle, zuckt er mit den Achseln.

„Hallo, ich bin Helmut Ernst“, sagt der ältere Herr und reicht mir seine Hand zur Begrüßung.

„Freut mich, ich bin Marc Frisch.“

Wir beschließen, einen Kaffee trinken zu gehen. Was soll man auch anderes machen bei einem Fluglotsenstreik? Es wimmelt nur so von aufgebrachten Leuten. Und die Schlange vor dem Bistro wird länger und länger. Offenbar sind auch andere auf die Idee gekommen. Damit wir uns nicht unnötig die Beine in den Bauch stehen, ändern wir den Plan, beschließen uns nun doch erst einmal niederzulassen. In einem hinteren Winkel der Flughafenhalle scheint einiges an Platz frei geworden zu sein.

Als wir uns den Sitzgelegenheiten nähern, wird es laut und lauter. Die Leute drehen sich um und schauen in die Richtung einer schwarzhaarigen Frau. Sie schreit in ihr Smartphone: „Hoooool mir Stefan ans Telefon und zwar sofort!!!“ Die kleine zierliche Frau scheint optisch asiatischer Herkunft zu sein. Doch sie benimmt sich nicht so. Von der Bezeichnung Lady ist diese etwa Mitte 30-Jährige so weit entfernt, wie ich gerade von London.

Ich wundere mich über ihre Extrovertiertheit, denn von meinen Reisen weiß ich, dass es in jenen Kulturkreisen eher ruhig und bescheiden zugeht. „Die Frau hat ein Organ wie ein Gefängniswärter“, denke ich mir.

Helmut Ernst schüttelt den Kopf. Er hat einen besseren Vergleich: „Als ich früher bei der Armee war, gab es einen Offizier, der auch so gebrüllt hat.“

„Stefan, der Kunde ist außer sich“, schreit die Kleine hysterisch ins Endgerät. Dass sie sich mit ihrer Performance den Blicken ihres Umfelds aussetzt, scheint ihr just in diesem Moment bewusst zu werden, weil sie sich vom Standort wegbewegt, während ihr Standpunkt der gleiche zu bleiben scheint.

Helmut Ernst hat freie Plätze ganz in der Nähe entdeckt, wo wir uns niederlassen. Hier scheint die Krawallmacherin ein Thema geworden zu sein. „Ja, mit den Mitarbeitern ist das so ein Thema", sagt eine ältere Frau beschwichtigend, um die peinliche Stille zu durchbrechen, während wir uns setzen. Sie scheint mehr Informationen über die Asiatin zu haben.

„Was ist denn mit der Frau los?"

Meine Frage kommt Angelika Wildt gerade recht: „Ich glaube, sie arbeitet in einem IT-Unternehmen, soweit ich das mitbekommen habe und es scheint Schwierigkeiten mit den Programmierern zu geben."

Etwas unbeteiligt schaut ein Mittdreißiger drein. Er nickt zustimmend, während er sich Messekataloge ansieht. Der Handwerker in ihm schimmert durch, obwohl er ein Sakko trägt.

„Ist sie weg?", fragt plötzlich ein Mann mittleren Alters. Graue, lange Haare, eine edle Uhr am Handgelenk, feiner Zwirn, doch das Hemd lässig geöffnet. Während seine Blicke die Umgebung abtasten, stellt er das Tablett mit zwei Flaschen Prosecco auf dem Tisch zwischen den Sitzgelegenheiten ab. „Auf den Schreck sollten wir einen Schluck nehmen, oder Angelika?" Er zwinkert der Frau gegenüber zu, die schüchtern zurücklächelt.

Die drei müssen schon ein ganzes Weilchen das Streitgespräch mitbekommen haben.

„Ich bin Olli Schenker", sagt der Gastgeber, der ungefragt ein Glas nach dem anderen füllt und es an die Personen übergibt, die hier in der Runde sitzen: Angelika Wildt, Sebastian Kammnagel, ich selbst und neben mir Helmut Ernst. Als Olli, der darauf Wert legt, geduzt zu werden, mir ein Glas reicht, bedanke ich mich höflich und stelle es auf den Tisch vor mir. Olli ist in guter Stimmung und bemerkt nicht, dass ich kein Freund von Alkohol bin. Er ist

Gastronom, sagt er, betreibt eine Kette angesagter Läden in angesagten deutschen Städten.

„Auf Sylt sind wir aber noch nicht. Ein Freund eröffnet dort eine neue Bar. Ich habe ihm gesagt, dass Mitte März nicht unbedingt der beste Zeitpunkt ist, aber er muss seine Erfahrung selbst machen. Ich bin gespannt, was mich dort erwartet. Und wo wollt ihr hin?“, fragt Olli und schaut dabei Helmut Ernst an.

„Für mich geht es zu einem Firmenjubiläum nach Potsdam“, antwortet dieser.

Angelika kommt von einem Workshop und möchte wieder nach Hause und Sebastian war auf einer Handwerkermesse unterwegs, um sich nach den neuesten Entwicklungen auf dem Werkzeugmarkt umzusehen. Als Linh Cooper-Li sich dem Platz nähert, wird es schlagartig still. Sie wirkt angespannt und abgekämpft. Als sie sich setzt, wird es still.

Peinliches Schweigen, bis Olli Schenker das Wort ergreift: „Stress in der Firma kennen wir alle, trink mal einen Schluck, das hilft.“

Bevor er die Flasche in die Hand nehmen kann, reiche ich ihr mein Glas mit dem noch immer sprudelndem Inhalt. Linh greift es sich und nimmt einen tiefen Schluck. „Manchmal ist es schwierig mit den Programmierern“, sagt sie. „Wenn sie doch nur das tun würden, was man von ihnen erwartet, dann wäre das Leben nur halb so schwer.“

Linh atmet schwer und dann bricht es aus ihr heraus: „Diese ganzen Diskussionen habe ich wirklich satt. Wozu gibt es Arbeitsverträge? Darin ist doch alles geregelt. Aber nein, stattdessen wollen sich die Herrschaften immer selbst verwirklichen. Hier noch ein Feature und da ein Programmbaustein. Doch was der Kunde braucht und bestellt hat, rückt in den Hintergrund.“

Erst beim Blick auf ihre Unterlagen realisiere ich, dass Linh Cooper-Li als Managerin in einem IT-Unternehmen arbeitet, das sich auf die Programmierung von Software für Videokonferenzen spezialisiert hat. Weil ich in London an ähnlichen Themen arbeite, höre ich noch genauer hin.

„Und wo genau liegt das Problem“, frage ich sie.

„Ich komme gerade vom Kunden, der mächtig Dampf macht. Schon jetzt wird klar, dass wir die Deadline nicht halten können.“ Kaum hat sie es ausgesprochen, klingelt ihr Telefon erneut. Ich höre eine aufgebrachte Frau, die eine offenbar unerfreuliche Nachricht überbringt.

„Wie, Stefan ist weg?“, fragt Linh fassungslos und kopfschüttelnd. Mit blassem Gesicht und brüchiger Stimme antwortet sie ihrer Kollegin: „Er kann doch nicht einfach kündigen.“

Zeremoniell erhebt sich Olli, bewaffnet sich mit der Flasche und füllt Linhs Glas auf bis zum Rand. Während sie apathisch ins Leere blickt, setzt sie das Glas an die Lippen und leert es in einem Zug.

Helmut schaut an Olli vorbei, der gerade den Rückzug mit der Flasche antritt und fragt: „Wie erklären Sie sich diese Probleme? Ich dachte, Tech-Konzerne tragen ihre Programmierer auf Händen.“

Linh nickt zustimmend, erwidert dann aber: „Wir sind ein mittelständisches Unternehmen. Die Großen können sich das auch leisten. Bei uns lässt sich das einfach nicht umsetzen.“

„Inwiefern?“, bohrt Helmut Ernst nach.

„In Amerika sind die Mitarbeiter einfach motivierter“, lautet die Antwort der Dunkelhaarigen.

„Das kann ich mir nicht vorstellen“, interveniert Angelika Wildt entschieden, verstärkt ihre Meinung mit schüttelndem Kopf und fügt hinzu: „Wenn man gut mit den Arbeitnehmern umgeht, dann sind sie eigentlich loyal. Ausnahmen gibt es natürlich immer …“

„Unsere Mitarbeiter verdienen gutes Geld. Dafür muss man auch etwas erwarten können“, entgegnet Linh Cooper-Li.

Als Olli diese Feststellung hört, gießt er den letzten Schluck Sekt lieber sich selbst ein. Ganz einverstanden mit diesem Statement scheint auch er nicht zu sein.

„Es ist wichtig, den Mitarbeitern Eigenverantwortung zu übertragen“, sagt Angelika Wildt.

Der Workshop „Personalführung des 21. Jahrhunderts“, den sie gerade besucht hat, ist ihr augenscheinlich noch sehr präsent: „Man muss die Mitarbeiter mitnehmen. Die Motivation kommt nicht von allein. Schon gar nicht, wenn man als Führungskraft zu starken Druck ausübt und als Kompensation lediglich Geld anbietet.“

Frau Wildt macht ihrem Namen alle Ehre und kommt richtig in Fahrt: „Das Warum spielt eine wichtige Rolle. Warum treten Ihre Mitarbeiter jeden Tag bei Ihnen an, um Software zu programmieren, Frau Cooper-Li?“

Die 50-Jährige wartet nicht erst auf eine Antwort, sondern gibt diese lieber selbst: „Nur um Geld zu verdienen wohl kaum.“

Ich finde die Diskussion interessant, da ich selbst ein Mensch bin, dem Wertschätzung wichtig ist. Als ich meinen Rucksack zur Seite stellen möchte, um Olli Schenker den Weg frei zu machen, fällt mir das Buch aus der Tasche. Helmut Ernst ist schneller als ich, hebt es auf, schaut neugierig und murmelt den Titel „Keine Regeln“. Ich habe das Gefühl, er möchte wissen, worum es in diesem Buch geht. Also beschreibe ich ihm, was ich bisher erfahren habe: „Ich habe auch gerade erst damit angefangen. Es geht um den Netflixgründer und seine Art, das Unternehmen zu führen."

Als ich den Satz ausspreche, ist es still. Alle Augen sind auf mich gerichtet. Und obwohl ich mich im Rampenlicht nicht so wohl fühle, spreche ich weiter. Dabei denke ich daran, dass es eine gute Übung für London ist. Denn dort werde ich um die eine oder andere Präsentation auch nicht herumkommen: „Reed Hastings hat aus den Fehlern der ersten Firmengründung gelernt und im nächsten Unternehmen eine Kultur geschaffen, in denen sich die Mitarbeiter nur wohlfühlen können. Zumindest kann ich mir das gut vorstellen."

Linh Cooper-Li schaut mich mit einem Blick an, den ich nicht deuten kann. Ist sie verärgert oder interessiert? Ich weiß es nicht, lasse mir nichts anmerken und erzähle weiter, was ich mir beim ersten Durchblättern gemerkt habe:

„Mindestens drei wichtige Punkte haben Hastings und sein Team etabliert: Netflix stellt nur Leute ein, die die Besten in dieser Position sind. Gleichzeitig schenkt die Unternehmensführung ihnen vollumfänglich das Vertrauen und überträgt ihnen die volle Verantwortung für ihr Tun und Handeln, was mich sehr überrascht hat, weil ich davon so noch nie vorher gehört habe: Das Feedback ist nie einseitig. Ganz im Gegenteil.

Die Führungskräfte fordern das Feedback von unterstellten Mitarbeitern zu den eigenen Aktivitäten ein. Immer hat es den Zweck, den Empfängern der Rückmeldungen dabei zu helfen, noch besser zu werden. Es liest sich so, als wenn das Unternehmen es als Unterlassung ansieht, wenn man sich nicht daran hält. Die Führung scheint noch weiter zu gehen. Sie tituliert es als geschäftsschädigendes Verhalten, wenn man sich nicht an die Vorgabe hält, offen Feedback zu geben."

Ich schaue mich in der Runde um. Linhs Staunen steht ihr ins Gesicht geschrieben. Und selbst Helmut Ernst, der sich, so wie ich ihn einschätze als guten Chef sieht, wirkt verwundert. Olli Schenker lächelt zustimmend und Angelika Wildt sitzt vorgebeugt und entzückt, die eine Hand in der anderen und lauscht meinen Worten. Nur Sebastian Kammnagel blättert weiterhin unbeteiligt in seinem Messekatalog. Vielleicht hat er noch wichtige Bestellungen zu tätigen.

Ich wundere mich, dass auch die Leute um mich herum das Thema so interessant finden und gebe auch den dritten Punkt zum Besten: „Vor allem aber wird in dem Buch eine Fehlerkultur beschrieben, in der jeder Fehler machen darf. Unter einer Bedingung: Wenn Fehler auftauchen, dürfen diese nicht verheimlicht werden, sondern müssen ganz im Gegenteil öffentlich kundgetan werden."

Wie Linh Cooper-Li reagiert, kann ich nicht sagen, denn ich schaue sie nicht an. Als Angelika Wildt ihr freundschaftlich in die Seite stupst, erinnert sie mich an meine frühere Klassenlehrerin. Witzigerweise hat Angelika auch eine ähnliche Tasche, wie früher Frau Bahr.

Startschwierigkeiten: Reise mit Hindernissen

Zeit für eine kleine Pause. Was kommt dir in den Sinn, wenn du dieses Kapitel auf dich wirken lässt? Worüber denkst du nach? Udo Barth freut sich auf Feedback und Fragen.

autorenclub.de/ub/2

Über den Zugang zur Internetseite des Autors lassen sich die einzelnen Buchkapitel kommentieren. Neben Feedbacks sind auch Fragestellungen möglich, die der Autor per Sprachnachricht oder E-Mail beantworten wird.

Entscheide selbst, ob du Udo Barth persönlich Feedback geben möchtest oder deine Meinung mit der gesamten Leserschaft teilst. Wenn Fragen zur Interaktion mit dem Autor aufkommen, beantwortet unser Verlagsteam diese gerne unter: leserfragen@marianprill-verlag.de

Linh Cooper-Li, 33 Jahre, IT-Managerin: Nach einem verpatzten Kunden-Meeting steht Ärger an. Die Software wird nicht rechtzeitig fertig, der beste Mann kündigt und Stress ist vorprogrammiert.

Branchenschmerz: Personalthemen während des Fluglotsenstreiks

„Das Wichtigste im Unternehmen ist doch das Personal, zumindest in meinen Gastrobetrieben", sagt Olli Schenker. Seine Worte sind so klar wie das Wasser, auf das er gerade umgestiegen ist. Dann trägt er mehr zum Gespräch bei, als nur die Leute zu verköstigen: „Auch in meiner Branche werden viele Mitarbeiter als billige Arbeitskräfte angesehen und auch so behandelt. Dass sich dadurch nicht unbedingt Loyalität aufbauen lässt, liegt auf der Hand."

Schenker schaut Linh mit ernster Miene an, während ihr Blick leer durch die Runde wandert. Offenbar empfindet er Mitleid mit der Frau, die hier am Frankfurter Flughafen eine Achterbahnfahrt der Gefühle durchstehen muss. Lebemann Schenker kehrt nämlich zurück zum sonnigen Gemüt und schwelgt in Erinnerungen: „Die Wertschätzung, die ich Menschen entgegenbringe, lässt sie aufblühen. Wertschätzung ist wesentlicher Teil meiner Lebensqualität und meines Erfolgs. Mein Ding ist und bleibt die Gastronomie und Hotellerie. Und ich würde grundsätzliche jedem Chef, jeder Geschäftsführerin und jeder Führungskraft, auch denen außerhalb meiner Branche, ans Herz legen: Mache deine Hausaufgaben. Arbeite aktiv mit, wann immer es geht und kümmere dich um dein Team. Das fördert den Zusammenhalt. Die Effekte kommen nicht von heute auf morgen. Das braucht Zeit und Geduld. Doch sich auf den Weg zu machen, um dies zu erreichen, ist absolut empfehlenswert."

Die Runde schaut Olli Schenker erstaunt an. Angelika Wildt nickt zustimmend und streicht sich über ihr Kostüm, während Olli seinen Gedanken weiter freien Lauf lässt: „Klarheit in der Kommunikation ist ebenfalls ein wichtiges Werkzeug. Ich selbst bin einst mit einem Saisonbetrieb gestartet. Das war doppelt herausfordernd, denn mit einem Saisonbetrieb bestimmt das Wetter das Geschäft. Während man im Sommer gar nicht genug Mitarbeiter bekommen kann, wird es in der kalten Jahreszeit schwierig. Doch was passiert dann mit ihnen? Selbst wenn ich ein gutes Frühjahr und einen tollen Sommer hatte, konnte ich damit nicht sechs oder sieben festangestellte Mitarbeiter das ganze Jahr durchbezahlen. So etwas führt zu einem Konflikt: Hätte ich sie gehen lassen, hätte ich dadurch auch immer wieder von vorne anfangen müssen, den Neuen zu erklären, wie mein Betrieb funktioniert. Und deswegen habe ich stattdessen ein neues System entwickelt." Olli Schenker verschränkt die Arme und lehnt sich zufrieden zurück.

Stille.

Helmut Ernst fragt: „Und was ist das für ein System?"

Olli Schenker holt tief Luft: „Ich habe als Alternative dann in der Innenstadt eine Glühweinhütte errichten lassen. Keine einfache Bretterbude, sondern etwas gastronomisch wirklich Hochwertiges, eine Hütte mit Kupferdachrinne und Dachziegel, richtig pompös. Ich bin ein Spezialist für Atmosphäre und für Stimmung. Das hab ich dann auf mehrere Städte übertragen." Dabei dreht er seinen breiten Goldring, der mit einem Edelstein besetzt ist, als würde er eine Zeitmaschine starten.

„Ok, und was genau soll uns das jetzt sagen?", fragt Helmut Ernst neugierig.

„Ganz einfach", antwortet Olli Schenker. „Man sollte alles unternehmen, um für seine Mitarbeiter ein gutes Umfeld zu schaffen und einen attraktiven Arbeitsplatz. Die Mitarbeiterzahl hat sich im Laufe der Jahre stetig erhöht. Wir können auf jeden Umschwung reagieren. Wenn Lokale schließen müssen, dann lautet unsere Antwort darauf, den delikatesten Lieferdienst der Stadt zu etablieren."

Helmut Ernst lächelt anerkennend.

„Attraktivität schafft Anziehung für deine Mitarbeiter", bringt es Olli Schenker auf den Punkt. „Dass meine Mitarbeiter bei uns für ihr Essen nichts bezahlen müssen, ist für mich selbstverständlich und die einfachste Form der Wertschätzung. Führungskräfte bekommen bei mir grundsätzlich einen Tankgutschein über 40 Euro im Monat." Dann zieht der Gastronom Resümee: „Ich denke, es ist die hohe Mitarbeiterzufriedenheit, die letztlich dazu geführt hat, dass wir unglaublich viele Initiativbewerbungen bekommen und mehr Leute bei uns arbeiten wollen, als wir einstellen können. Natürlich gab es auch Zeiten, in denen nicht immer alles rosig gelaufen ist." Diese Worte adressiert Olli Schenker wieder in Richtung Linh Cooper-Li und lächelt sie dabei freundlich an.

„Das waren dann Zeiten, in denen ich mir Unterstützung von außen geholt habe. Ein Team-Entwicklungs-Workshop kann dabei helfen, sich wieder neu zu erfinden. Die Stimmung im Unternehmen hat entscheidende Auswirkungen auf die Betriebsergebnisse. Und deswegen kümmere ich mich in meinem Betrieb auch grundsätzlich zuerst um die Mitarbeiter und erst dann um die Gäste. Denn – Achtung – glückliche Mitarbeiter machen glückliche Gäste.

Wie schon gesagt, so etwas geht nicht von heute auf morgen. Und da müssen sich Verantwortliche auch ganz stark mit sich selbst beschäftigen, reflektieren, sich mit eigenen Schwächen auseinandersetzen.

Und weil hier vorhin von Geld gesprochen wurde: Wenn ein Servicemitarbeiter bei mir 200 Stunden im Monat arbeitet, dann gebietet es die Fairness, dass ich ihm diese 200 Stunden auch bezahle. In vielen Gastronomiebetrieben bleibt das leider aus. Da ist die Wertschätzung teilweise noch nicht bei allen richtig durchgedrungen. Dabei ist es doch gar nicht so schwer zu verstehen: Es geht immer um die Bedürfnisse Liebe, Lob und Anerkennung.

Grundsätzlich sollte es heißen: Schön, dass du da bist. Schön, dass es dich gibt. Und Wertschätzung kann auch funktionieren, wenn man in die Lohnabrechnung einen Zettel reinlegt: ‚Liebe Linh, letzten Monat warst du bei mir im Service spitzenmäßig. Vielen Dank. Schön, dass es dich gibt. Dein Lieblingschef Olli.'"

Was war das? Über Linhs Lippen huscht ein Lächeln.

Olli schließt seine Ausführungen mit der Feststellung: „Auch wenn mal Fehler passieren, nicht gleich an die Decke gehen." Dann steht er auf, entschuldigt sich: „Ich bin gleich wieder da, die Getränkerückgabe ruft."

„Frau Wildt, Sie gingen vorhin sehr energisch auf die Mitarbeitermotivation ein", sagt Helmut Ernst. „Welchen beruflichen Background haben Sie?"

„Ich arbeite als Pflegedienstleiterin in einem Pflegeheim", antwortet Angelika Wildt knapp. Helmut Ernst legt seine Stirn in Falten, zeigt sich interessiert und kommentiert offen: „Eine harte Branche, nicht wahr?"

„Das werde ich häufig gefragt", antwortet die Frau, während sie Seminarunterlagen aus ihrer Tasche zieht und diese vor sich auftürmt, als wäre sie bereit, eine Prüfung abzulegen. Helmut Ernst nimmt die unausgesprochene Einladung an, einen Blick in die Hefte zu werfen. Während er blättert, fasst Frau Wildt den Schmerz der Branche zusammen: „Im Pflegebereich hat sich ein regelrechtes Legionärstum entwickelt. Obwohl es immer um Menschen geht und um Menschlichkeit gehen sollte, sehe ich viel Verbesserungsbedarf. Die Arbeit ist überall die gleiche, das Jobprofil vergleichbar, die Anforderungen sind hart und somit wechseln die Leute ständig. Manchmal auch, sobald eine andere Institution mehr Geld bezahlt. Dieses Problem haben wir selbst lange Zeit zu spüren bekommen. Und Sie können sich vorstellen, dass Pflegeeinrichtungen, die ohnehin alle Hände voll zu tun haben, um Mitarbeiterinnen und Mitarbeiter zu finden, einzuarbeiten und zu halten enorme Energien aufbringen müssen."

Helmut Ernst nickt bedächtig: „Ja, das kann ich mir sogar sehr gut vorstellen. Meine Mutter wird betreut. Deswegen interessiere ich mich für dieses Thema. Glücklicherweise hat meine Mutter das Privileg, einen besonders exzellenten Service in Anspruch nehmen zu können. Doch als meine Frau und ich uns das erste Mal mit dem Thema Pflege und Betreuung auseinandersetzten, wurden wir auf schaurige Berichte im Internet aufmerksam, die belegen, wovon Sie hier sprechen."

Angelika Wildt streicht sich erneut das Kostüm glatt. Dann berichtet sie davon, dass ihre Geschäftsführung sich vor einiger Zeit für einen unkonventionellen Weg entschieden habe: „Statt die dramatische Entwicklung der Personalsituation zu ignorieren und sich nach dem Motto ‚irgendwie wird es schon weitergehen' auf das Tagesgeschäft zu konzentrieren, planten wir eine umfangreiche Erneuerung des Unternehmens. In den ersten Meetings beschrieben wir das Problem. Dazu fanden auch anonyme Mitarbeiterbefragungen statt. Im nächsten Schritt, als uns die unerfüllten Vorstellungen der Belegschaft vorlagen, definierten wir die Unternehmensziele neu und auf das Personal ausgerichtet. Es folgten Workshops, Feedbackrunden und viele Gespräche."

„Hat Ihre Einrichtung dies alles in Eigenregie gemanagt?", fragt Helmut Ernst erstaunt.

„Nein, wir holten uns dafür externe Hilfe, ließen uns durch den Prozess coachen", erklärt Angelika Wildt. „Ich glaube, alleine ist so etwas kaum machbar. Jede Mitarbeiterin, jeder Mitarbeiter, vom Praktikanten bis in die Chefetage ist ja ein bisschen auch in der eigenen Rolle gefangen. Einfach ausbrechen ist nicht so einfach und funktioniert, so wie ich es jetzt beurteilen würde, auch nur mit kreativen Instrumenten."

Helmut Ernst schaut verwundert und auch Linh Cooper-Li und ich sind gespannt, was jetzt kommt. „Die Beratungsfirma, die uns unterstützte, lud uns zu einem Design-Thinking-Workshop ein. Dabei stellten wir fest, dass wir bis zu diesem Zeitpunkt viel zu wenig auf die Bedürfnisse unseres Personals eingegangen waren. Auch in Bezug auf die Arbeitszeiten. Meine Kollegin und ich schrieben die Arbeitspläne intuitiv und im Prinzip so, dass wir der Meinung waren, wir hätten alle gleich behandelt. Doch es stellte sich heraus, dass das Gegenteil der Fall war. Als wir die realen Arbeitszeiten mit den für die Beschäftigten optimalen Arbeitszeiten abglichen, stellten wir fest, dass sich an vielen Stellen die Schichten tauschen ließen, was die Mitarbeiterzufriedenheit dramatisch erhöhte. Wir führten eine neue Terminlogistik ein, stimmten die Bedürfnisse ab und kauften eine Softwarelösung ein, die jedem Mitarbeiter die besten Arbeitszeiten vorschlägt. Somit bekamen die Mütter zum Beispiel die Möglichkeit, mehr für ihre Kinder da zu sein. Durch das Tauschen von Terminen auf Knopfdruck erfolgte eine bessere Vernetzung der Mitarbeiter untereinander. Es war für mich eine sensationelle Erfahrung, diese Entwicklung mitgestaltet zu haben. Auch heute lobt uns die Belegschaft noch immer dafür. Das treibt an, uns weiter zu verbessern."

„Dann können Sie sich vor Bewerbungen vermutlich kaum retten", stellt Helmut Ernst begeistert fest.

Seine Gesprächspartnerin bestätigt: „Das kann man genauso sagen. Doch ich kenne noch andere Zeiten, in denen wir nicht wussten, wo uns personell der Kopf steht."

„Das kenne ich auch noch", bestätigt Herr Ernst.

„Aha, was machen Sie beruflich, wenn ich fragen darf?", fragt Angelika Wildt.

„Selbstverständlich dürfen Sie. Ich habe zunächst ein Unternehmen aufgebaut, das Teile für die Automobilbranche fertigt.

Damit sind wir sehr erfolgreich geworden. Und aktuell konzentrieren wir uns auf Robotik. Auch in diesem Bereich sind Fachkräfte rar gesät. In Zusammenarbeit mit einem professionellen Partner sind wir inzwischen aber gut aufgestellt."

Angelika Wildt kann ihre Neugier nicht verbergen. Dafür braucht sie nicht mal etwas zu sagen. Ihr Gesicht spricht Bände.

Helmut Ernst führt weiter aus: „In der ersten Dekade der 2000er stellten wir bereits fest, dass es deutlich schwieriger wurde, gutes Personal zu gewinnen. Obwohl unsere Werbemaßnahmen konstant auf einem Level blieben, ließ der Erfolg nach, die Zahl der eingestellten und qualifizierten Mitarbeiter ging zurück. In den letzten Jahren stagnierten die Mitarbeiterzahlen regelrecht. Und es wurde so dramatisch, dass wir uns überlegen mussten, den Kurs zu ändern. Hauptsächlich hatten wir in dieser Zeit in den traditionellen Medien geworben, Anzeigen in Tageszeitungen geschaltet und sporadisch auch im Radio freie Stellen ausgerufen. Doch neue Bewerbungen waren rückläufig."

Angelika Wildt beugt sich gespannt nach vorn: „Und dann, was haben Sie dann unternommen?"

Die Informationen scheinen auch Sebastian Kammnagel brennend zu interessieren. Fast schon mechanisch, als würde er einen Bagger bedienen, legt er seinen Messekatalog beiseite und sagt: „Das interessiert mich auch."

„Ich glaube, das war das erste Mal, dass ich die Stimme des Handwerksmeisters gehört habe." Helmut Ernst erklärt, dass dies der Zeitpunkt war, dass die Geschäftsführung erkennen musste, dass sich das Verhältnis zwischen Arbeitgebern und Arbeitnehmern verändert hatte: „Schon lange können wir als Industriebetrieb nicht mehr von einem Arbeitgebermarkt ausgehen. Nicht die Mitarbeiter bewerben sich bei uns, sondern wir bewerben uns bei den Mitarbeitern um den Einsatz ihrer Arbeitskraft."

Sebastian Kammnagel runzelt die Stirn. „Das verstehe ich nicht, wie genau meinen Sie das?“

„Diese Frage kann ich als Automobilzulieferer gut beantworten“, sagt der 60-jährige Geschäftsmann. „Wenn ich Ihnen den Namen meiner Firma mitteile, dann würde es mich nicht wundern, wenn Sie ihn bisher noch nicht gehört haben. Und das obwohl bei uns gut 3000 Mitarbeiter beschäftigt sind. In den Autos, für die wir Teile fertigen, haben Sie hingegen alle schon gesessen“, sagt Ernst, während er in die Runde blickt. „Die Luxusfahrzeugmarken bekommen durch die Strahlkraft ihrer Produkte naturgemäß viel mehr Bewerbungen als deren Zuliefererbetriebe. Auch wenn ich, nebenbei gesagt, damit nicht unbedingt behaupten möchte, dass die Automobilkonzerne mit ausreichend Mitarbeitern gesegnet sind. Die beschriebene Situation stellt uns Zulieferer vor die Herausforderung, uns dringend Gedanken machen zu müssen, wie wir an Nachwuchskräfte kommen. Tun wir das nicht, kommt unweigerlich irgendwann der Tag, an dem wir die Produktionsmenge nicht mehr garantieren können.“

Sebastian Kammnagel nickt nachdenklich, während Helmut Ernst Gründe für diese Entwicklung beim Namen nennt: „An dieser Stelle spielt auch der Medienkonsum eine ganz entscheidende Rolle, wie ich selbst gelernt habe. Wenn diejenigen, die ein Betrieb gewinnen möchte, nur noch online erreichbar sind, dann ist es an der Zeit, Personalgewinnung neu zu denken und unterhaltsamer darzustellen, als es bisher nötig war. Inzwischen besteht die Notwendigkeit, sich als Unternehmen bei Mitarbeitern zu bewerben. Wir sprechen von einem Arbeitnehmermarkt. Denn die Mitarbeiter haben ganz klar die Wahl zwischen unserem Betrieb und zahlreichen Alternativen. Dieses Umdenken kommt manchen Unternehmenslenkern wie der Verlust der eigenen Souveränität vor. Und tatsächlich ist es das auch ein Stück weit. Das mussten auch wir und ich persönlich erst einmal lernen und akzeptieren.“

Auch Linh Cooper-Li zeigt sich äußerst nachdenklich.

Helmut Ernst erklärt, dass es darauf ankäme, sich als Unternehmen möglichst in einem guten Licht zu präsentieren: „Zunächst ist es wichtig, sich als attraktiver Arbeitgeber zu positionieren. Das fällt nicht jedem Unternehmen leicht. Denn vielen fehlt der Abstand zu sich selbst. Worin sind wir besonders stark? Diese Frage können selbst langjährige Mitarbeiter nicht richtig beantworten. Mit der Zeit stellt sich Betriebsblindheit ein. Was Außenstehende als hervorragend bewerten würden, nimmt das Team als selbstverständlich hin."

Sebastian Kammnagel stimmt zu: „Das Problem fehlender Arbeitskräfte haben wir im Handwerk auch. Dass dies allerdings an der Außendarstellung liegen könnte, wäre mir nicht in den Sinn gekommen. Es hat ja all die Jahre immer funktioniert."

Helmut Ernst möchte wissen: „Was genau machen Sie und welche Stärken hat ihr Betrieb?"

„Ich bin Schreinermeister und führe den Familienbetrieb in 3. Generation. Unsere Stärken? Ganz klar: Wir sind ein zuverlässiges Unternehmen, das maximale Qualität liefert."

Helmut Ernst legt die Stirn in Falten: „Das sagen Sie Ihren Kunden. Aber was sagen Sie Ihren Mitarbeitern?"

Branchenschmerz: Personalthemen während des Fluglotsenstreiks

Zeit für eine kleine Pause. Was kommt dir in den Sinn, wenn du dieses Kapitel auf dich wirken lässt? Worüber denkst du nach? Udo Barth freut sich auf Feedback und Fragen.

autorenclub.de/ub/3

Über den Zugang zur Internetseite des Autors lassen sich die einzelnen Buchkapitel kommentieren. Neben Feedbacks sind auch Fragestellungen möglich, die der Autor per Sprachnachricht oder E-Mail beantworten wird.

Entscheide selbst, ob du Udo Barth persönlich Feedback geben möchtest oder deine Meinung mit der gesamten Leserschaft teilst. Wenn Fragen zur Interaktion mit dem Autor aufkommen, beantwortet unser Verlagsteam diese gerne unter: leserfragen@marianprill-verlag.de

Olli Schenker, 56 Jahre, Inhaber einer deutschlandweit aktiven Gastronomiekette: Freut sich aufs Wiedersehen mit einem alten Freund, der auf Sylt ein Lokal eröffnet. Sein Motto: „Glückliche Mitarbeiter machen glückliche Kunden."

Mitarbeiter gewinnen: Mit Storybaukasten und Heldenreise

„Ich frage deshalb nach, weil mir Ihre Aussage sehr bekannt vorkommt", erklärt Helmut Ernst mit einem Lächeln. „So ähnlich hatte auch ich damals unserem Coach geantwortet, als er die Frage in den Raum stellte, wie ich einem potenziellen Mitarbeiter unser Unternehmen schmackhaft machen würde.

Es stellte sich heraus, dass wir viel tiefer graben mussten, als zunächst angenommen, um unsere Ziele in der Personalgewinnung zu erreichen, die Mannschaft aufzustocken und die Leistung des Unternehmens zu verbessern. Gleich zu Beginn wurden wir darauf sensibilisiert, dass Menschen sich am ehesten zugehörig fühlen, wenn sie die gleichen Werte teilen. Und das galt selbstredend auch für unsere neuen Mitarbeiter. Wir lernten, dass es immer darauf ankommt, die richtigen Geschichten zu erzählen. Die Unternehmenswerte sind die Anknüpfungspunkte, um in der Kommunikation mit der künftigen Belegschaft die Vorzüge als Arbeitgeber in den Vordergrund zu stellen. Und das gestaltete sich anfangs schwieriger als gedacht, weil dies für uns einfach ungewohnt, ein ganz anderer Ansatz, war. Statt ‚wir suchen' lag der Fokus seit dem ersten Tag dieser neuen Sichtweise nun bei ‚wir bieten'.

Den Begriff Storytelling hatte ich auch vorher schon mal gehört, jedoch nicht im Zusammenhang mit dem Thema Personalgewinnung", erklärt Helmut Ernst. „Storytelling hat im Marketing schon lange Einzug gehalten. Es geht darum, auf der emotionalen Schiene eine Verbindung zu den Empfängern der Botschaft aufzubauen und ihnen einen Zugang zu Produkten sowie Dienstleistungen zu ermöglichen. Geschichten erzählen hat Tradition.

Schon vor Jahrtausenden überlieferten Menschen ihr Wissen und ihre Erlebnisse durch Geschichten von Generation zu Generation. Ich empfand es als clever, diesen Ansatz auch im Recruiting einzusetzen. Doch was erzählt man eigentlich über das eigene Unternehmen?

Unser Coach brauchte nicht lange, um uns mit seiner Kompetenz zu überzeugen. Er berichtete von der sogenannten Heldenreise, einem Strukturformat, mit dem sich Geschichten nach einem bestimmten Schema aufbauen lassen. Die Heldenreise wurde von Joseph Campbell entwickelt, der sich intensiv mit der Erforschung von Mythen auseinandergesetzt haben soll. Die Ergebnisse seiner Forschung veröffentlichte er 1949 in „Der Heros in tausend Gestalten". Nicht nur Filmemacher und Schriftsteller nutzen die Heldenreise als Vorlage für ihre Erzählungen, sondern auch Marketingabteilungen, die mit dieser Form der Kommunikation Kunden gewinnen."

Helmut Ernst scheint sich mit der Thematik intensiv befasst zu haben, die mir persönlich sehr bekannt vorkommt. Er erzählt weiter: „Der Held bricht auf, um ein Abenteuer zu bestehen. Dabei sollte der Geschichtenerzähler darauf achten, dass die Herausforderung, die dieser erlebt, besonders brisant oder prekär ist, um der Geschichte maximale Spannung zu verleihen. Umso stärker die Hauptfigur leidet, desto besser. Das führt dazu, dass das Publikum regelrecht mitfiebert und am Ende erleichtert durchatmet, wenn der Held glorreich nach Hause zurückgekehrt ist."

Das, was Helmut Ernst beschrieben hat, hat sich am Frankfurter Flughafen inzwischen eingestellt. Zu uns haben sich weitere gestrandete Fluggäste gesellt, die seinen Worten lauschen. Ich fühle mich in meine Kindheit zurückversetzt, als damals mein Opa meinen Cousinen und mir Geschichten vorlas.

Der Geschäftsmann erklärt weiter: „Der Schatz, den die Hauptfigur sucht und schließlich findet, steht im übertragenen

Sinne für das erfolgreiche Ergebnis – in unserem Falle die Gewinnung eines attraktiven Arbeitsplatzes. Die Heldenreise ist deshalb so beliebt, weil es den Lesern und Zuhörern spielend leicht gelingt, sich in dieser Reise wiederzufinden. Allerdings muss der Held auch ordentlich leiden."

Helmut Ernst runzelt die Stirn, als er seine Aussage untermauert: „Umso größer die anfänglichen Misserfolge, Schwierigkeiten und Hürden, desto stärker fühlt das Publikum mit. Wäre es andersherum, würde der Protagonist gleich zu Beginn heroisch auftreten, souverän, selbstsicher und stark sein, bei allem, was er täte, könnte sich im Publikum keine Identifikation mit der Figur entwickeln."

Selbst einen literaturgeschichtlichen Exkurs spart der Industrie-Profi nicht aus. „Die ursprüngliche Heldenreise nach Joseph Campbell umfasst zwölf Etappen. Wer im Personalmarketing aktiv ist, benötigt jedoch nur vier. Da wäre Etappe Eins: Der Ruf des Abenteuers. Unser Held führt ein normales Berufsleben, als plötzlich etwas Unvorhergesehenes geschieht und seine Arbeitsumgebung sich von einem auf den anderen Tag dramatisch ändert.

Für den einen Helden kann das ein neuer Chef sein, für einen anderen drohende Insolvenzgefahr des Arbeitgebers oder ein anstehender Unternehmensverkauf. Jobverlust, Absagen, oder auch persönliche Schicksale wie Trennung, Krankheiten, und so weiter wirken sich auf die Hauptfigur aus und zwingen sie aus der Komfortzone auszubrechen. Und an dieser Stelle kommt der Mentor ins Spiel. Er unterstützt den Helden dabei, die Herausforderung anzunehmen.

In einem Film oder einem Roman könnte der Mentor ein Freund sein, ein menschlicher Begleiter oder auch die innere Stimme. Beim Storytelling im Recruiting wird der Mentor ein künftiger Arbeitskollege sein oder ein Bekannter, der den Kontakt zum neuen Arbeitgeber herstellt und den Weg ins Unternehmen ebnet.

Und dann geht's los. Für den Helden beginnt in Ebene Zwei der Aufbruch ins Unbekannte. Natürlich weiß er nicht, was alles passieren wird. Wie könnte er auch?

Er betritt unbekanntes Terrain. Alles hört sich so gut an. Viel zu gut, um wahr zu sein. Doch selbstverständlich gibt es nichts geschenkt. Wie im echten Leben auch muss der Held Hürden überwinden, die ihn viel Kraft kosten. Strapazen stehen ihm bevor, wenn beispielsweise ein Umzug ansteht und damit das Verlassen der gewohnten Umgebung. Unser Held muss in dieser dritten Etappe viele Entscheidungen treffen und schwierige Prüfungen bestehen – möglicherweise auch erst im zweiten Anlauf. Und dann, wenn er sich mächtig ins Zeug gelegt, Hindernisse überwunden, Mut und Ausdauer bewiesen hat, dann wird sein Einsatz von Erfolg gekrönt – er hat den Schatz erobert.

Was im Film die Erkenntnis und im Roman das Edelmetall, ist in der Personalgewinnung der perfekte Arbeitsplatz und mit ihm die Lösung aller Probleme. Apropos Probleme. Häufig versuchen Unternehmen, Probleme und Schwächen unter den Tisch fallen zu lassen", sagt Helmut Ernst und erklärt, dass dies nicht unbedingt notwendig sei.

Dabei erinnert er daran was dessen Coach ihm einst geraten habe: „Perspektivwechsel können helfen: Wie wäre es, die aktuellen Probleme nicht nur klar zu benennen, sondern mit ihnen aktiv zu werben? Was passiert, wenn eine Softwarefirma ein Personalproblem hat und einen Wettbewerb ausruft, in dem technische Anforderungen innerhalb kürzester Zeit gelöst werden müssen – vielleicht gegen ein Preisgeld?"

„Das wird auch Hackathon genannt", ergänzt Linh Cooper-Li lächelnd. Sie hat die Steilvorlage von Helmut Ernst aufgenommen.

„Manche sagen auch Hack Day oder Hackfest", füge ich hinzu.

Linh nickt nachdenklich und überlegt laut: „Nur wer könnte in meinem gestressten Unternehmen wohl Mentor sein? Und wer möchte schon bei uns arbeiten?“

„Vielleicht sind Sie das, Frau Cooper-Li“, regt Helmut Ernst an.

Olli Schenker, der längst seinen Platz wieder eingenommen hat, bringt es auf den Punkt: „Die schlimmste Herausforderung hast du ja schon hinter dir, Linh. Nun kann es nur noch besser werden.“

„Danke für die Aufmunterung, Herr Schenker“, sagt Linh und richtet ihre nächste Frage an Helmut Ernst: „Wie soll das für uns funktionieren?“

„Das habe ich mich damals auch gefragt“, antwortet der Senior. „Dass man nicht nur die hervorragenden Seiten zeigen sollte, hatte unser Coach schon früh verdeutlicht. Dazu eine Erklärung: Wir hatten mächtige Probleme bei der Herstellung bestimmter Teile. Also entschieden wir uns, ein Innovation Center aufzubauen, eine Art Erfinderwerkstatt mitten auf dem Firmengelände. Dort tüftelten Ingenieure neben Schlossern und Elektrikern an neuen Lösungen für unsere Probleme.

‚Wir haben Ihren Schatz gefunden‘, rief unser Coach und klatschte sich begeistert in die Hände was auf einige Mitarbeiter befremdlich wirkte“, sagt Helmut Ernst mit einem Lächeln. „Der gefundene Schatz der Heldenreise war in unserem Falle eine Ressource, die wir nutzen konnten, um unseren Ehrgeiz zu präsentieren und Lösungen zu finden. Wir konnten mit der Erfinderwerkstatt glänzen, weil sich damit die Einbeziehung der Belegschaft verdeutlichen ließ. Uns selbst wurde klar, dass dies, was aus der Not heraus geboren war, zum großen Teil Wertschätzung bedeutete, da jede Mitarbeiterin und jeder Mitarbeiter des Unternehmens eingeladen war, eigene Ideen einzubringen, die auf Machbarkeit geprüft wurden.

Unser Alleinstellungsmerkmal hatte seinen Platz längst im Unternehmen gefunden. Und wir benötigten erst den Blick von außen, um dies zu erkennen. Der Coach sprach an dieser Stelle von einer Schatzsuche. Wie sich herausstellte, standen wir an diesem Tag, an dem diese Erkenntnis in die Unternehmensführung sickerte, am Tor zur Lösung, was künftige Fachkräfte begeisterte. Inzwischen haben wir damit begonnen, uns mit dem Thema Robotik auseinanderzusetzen, experimentieren mit Maschinen und Sensorik, um Produktionsprozesse und den Alltag der Menschen zu vereinfachen."

Helmut Ernst schaut Linh Cooper-Li fast schon väterlich an und sagt: „Ich möchte Ihre Frage, wie dies für Ihr Unternehmen gelingen kann, mit einer Gegenfrage beantworten: Welches Unternehmen geht heutzutage mit seinen Herausforderungen schon so offensiv um, dass es die Belegschaft in den Lösungsprozess einbindet?"

Linh zuckt mit den Schultern, während sich Helmut Ernst gemütlich zurücklehnt und sein Urteil fällt: „Oft werden externe Spezialisten teuer eingekauft. Das firmeninterne Know-how zu nutzen, ist ein eleganter Weg, den man in der Personalvermarktung wirken lassen kann. Und wenn es an firmeneigenem Knowhow fehlt, dann ist das eine wichtige Aufgabe des Managements, dieses aufzubauen."

Mitarbeiter gewinnen: Mit Storybaukasten und Heldenreise

Zeit für eine kleine Pause. Was kommt dir in den Sinn, wenn du dieses Kapitel auf dich wirken lässt? Worüber denkst du nach? Udo Barth freut sich auf Feedback und Fragen.

autorenclub.de/ub/4

Über den Zugang zur Internetseite des Autors lassen sich die einzelnen Buchkapitel kommentieren. Neben Feedbacks sind auch Fragestellungen möglich, die der Autor per Sprachnachricht oder E-Mail beantworten wird.

Entscheide selbst, ob du Udo Barth persönlich Feedback geben möchtest oder deine Meinung mit der gesamten Leserschaft teilst. Wenn Fragen zur Interaktion mit dem Autor aufkommen, beantwortet unser Verlagsteam diese gerne unter: leserfragen@marianprill-verlag.de

Helmut Ernst, 60 Jahre, Inhaber und Geschäftsführer eines Zuliefererbetriebes für die Automobilbranche: Kommt vom erfolgreichen Übernahmegespräch und möchte zum Geschäftsjubiläum eines Freundes nach Potsdam.

Wie ein Schreinerei-Betrieb zum Investor wurde – Die Erste

„Also unsere Leute wissen ganz genau, was sie zu tun haben", bringt sich Sebastian Kammnagel in Erinnerung. „Wir sind ein holzverarbeitender Betrieb. Mit einem Innovation Center könnten meine Mitarbeiter nicht viel anfangen", antwortet er etwas reserviert. „Wir Schreiner arbeiten mit Werkstoffen, aus denen Möbel entstehen, Tische, Schränke und ganze Ladeneinrichtungen. Wenn du morgens beginnst und abends eine Einrichtung zusammengeschraubt dasteht, dann siehst du, was du getan hast."

Während Sebastian Kammnagel von seiner Arbeit erzählt, funkeln seine Augen. Es scheint, als würde er sich am liebsten seinen Werkzeugkoffer schnappen und loslegen. So hatte ich ihn überhaupt nicht eingeschätzt.

Einen Moment später kühlt er aber genauso schnell wieder ab und sagt: „Und doch scheint dies bei den jungen Leuten nicht mehr so anzukommen. Liegt es daran, dass sie sich heute die Hände nicht mehr schmutzig machen wollen? Liegt ihnen die körperliche Arbeit nicht? Oder schreckt sie das frühe Aufstehen ab, das in unserer Branche zum Pflichtprogramm gehört? Ich weiß es nicht. Was ich aber weiß ist, dass die ständig dünner werdende Personaldecke mit der Auftragslage kollidiert, die sich in den vergangenen zwei Jahren extrem zugespitzt hat."

Sebastian Kammnagel klagt sein Leid: „Ich kann kaum einkaufen gehen, ohne einen Auftrag zu bekommen. Und wenn ich durch die Stadt fahre, werde ich sogar angehalten. Die Leute stehen an der Ampel, kurbeln das Fenster runter und fragen mich: ‚Wann kommst du zu mir? Kannst du mir helfen?'"

Linh runzelt die Stirn: „Das können doch andere Handwerker übernehmen, oder?“

„Welche anderen Handwerker?“, fragt Sebastian und winkt ab. „Es gibt zu wenige. Viele hören aus Altersgründen auf und das ohne Nachfolgeregelung, womit der Betrieb vom Markt verschwindet. Und die, die übrig bleiben, können die Nachfrage kaum bedienen. Diese Entwicklung verschärft sich immer weiter“, setzt Sebastian Kammnagel nach. Die Ursache sieht er auch in den Schulen, in denen das Handwerksgeschick kaum mehr gefördert wird: „Welche Lehrer vermitteln Schülern noch den Spaß an der Handwerkskunst? Ich kenne das noch von früher. Wundert man sich da, wieso das Handwerk auf der Strecke bleibt?

Wie soll sich eine Leidenschaft entwickeln, wenn das Handwerk kaum noch thematisiert wird? Und wer kann es den jungen Leuten dann noch verübeln, wenn sie keinen Nagel mehr in die Wand bekommen?“ Ein müdes Lächeln entfährt dem Schreinermeister bei dieser Bemerkung.

Helmut Ernst möchte wissen: „Auf welchem Weg sprechen Sie den Nachwuchs an?“

„Na, wo man eben wirbt“, lautet Sebastians Antwort. „Zunächst einmal Anzeigen in Zeitungen, Plakate an Baustellen und einmal im Jahr besuchen wir die Schule.“

„Und wo noch?“, frage ich.

Sebastian schaut mich entgeistert an. „Am schwarzen Brett in Supermärkten.“ Mehr fällt ihm nicht ein.

„Könnte es sein, dass die Medien, die du beschreibst und die ihr bespielt vielleicht die Zielgruppe verpasst? Habt ihr das mal getestet?“

Sebastian legt seine Stirn in Falten: „Getestet?"

„Ja, ich meine, wie reagieren denn die Jugendlichen auf eure Werbung?", frage ich. Sebastian versteht meine Frage nicht.

Deswegen führe ich weiter aus: „Meine Tante hat eine Social-Media-Agentur und ich helfe ihr gelegentlich bei den Kampagnen für ihre Kunden. Dabei geht es darum, eine Persona zu entwerfen, einen Prototypen für eine bestimmte Gruppe, die stellvertretend mit bestimmten Eigenschaften und Interessen ausgestattet ist.

Wenn diese Persona feststeht, dann wird sehr spezifisch für diese Personengruppe eine Ansprache entworfen. So wie du eine Anzeige in der Zeitung schaltest, schalten Social-Media-Spezialisten Anzeigen in den jeweiligen Kanälen. Das Gute daran: Sie legen Alter, Interessen, Aufenthaltsorte fest und können sogar Attribute ausschließen. Wenn also ein 16-Jähriger in seinem Profil angibt, Langschläfer zu sein, dann ist es selbstverständlich, dass dieser Nutzer unsere Anzeige nicht sieht."

„Das klingt gut. Fast zu gut, um wahr zu sein", sagt Sebastian und runzelt skeptisch die Stirn. „Und warum macht das nicht jeder?"

„Diese Frage kann ich dir nicht beantworten. Doch ich weiß, dass eine der bekanntesten Social-Media-Plattformen der Welt im Jahr 2019 weit über 70 Milliarden US-Dollar Umsatz erzielte", antworte ich. „Vielleicht ist noch nicht jeder Online-Anbieter dabei. Aber mit Sicherheit haben viele Unternehmen die Vorzüge von Nutzerdaten und Big Data entdeckt, die im Zusammenhang mit Künstlicher Intelligenz zu immer besseren Ergebnissen führen, auf beiden Seiten. Die Nutzer sehen Botschaften, die sie interessieren und die Unternehmen erreichen die Interessenten, die eine Affinität für die jeweilige Botschaft haben. Dafür sorgen die Algorithmen."

„Von Algorithmen habe ich ehrlich gesagt nicht viel Ahnung", unterbricht Sebastian meine aufkommende Begeisterung für die Entwicklungen im Web, für IT und Innovation und schaut dabei in die Runde. Auch die anderen halten sich bedeckt. „Allerdings würde ich in der Tat gerne wissen, wie ich Interessenten auf unsere Schreinerei aufmerksam mache und sie für unser Unternehmen begeistere", gesteht er und sieht mich neugierig an.

„Ich glaube, dass es – relativ gesehen – noch nicht allzu viele Unternehmen gibt, die sozialen Netzwerke für die Personalgewinnung nutzen und die sich Entertainment auf die Fahnen geschrieben haben", vermute ich. „Sehr häufig wird auf den Plattformen für Produkte und Dienstleistungen geworben, also für haptische Waren wie Elektronik, Mode, Schmuck und Bücher, aber auch Onlinekurse, Filme, Musik und alles, was sich sonst noch verkaufen lässt. Und über bestimmte Formulare lässt sich selbst der Kauf bewerkstelligen.

Die Plattformen funktionieren wie große Einkaufszentren. Beide locken Unmengen an Besuchern an. Umso größer die jeweilige Plattform desto mehr Marken siedeln sich an. Und diese ziehen die Shopping-Fans an. Das ist online das Gleiche wie offline: Größe führt zu Möglichkeiten, zu neuen Kontakten und zu Ergebnissen. Es geht immer darum, Menschen zu erreichen und bei ihnen mit der eigenen Botschaft zu punkten. Darum geht es immer. Und schau dich nur mal um", sage ich und deute auf die Menschentrauben, die sich im Flughafen die Wartezeit vertreiben. „Sie alle nutzen ihr Smartphone, um mit Freunden und Familie zu kommunizieren. Und das verändert die Leute massiv.

Vor einiger Zeit habe ich mal einen Videoclip gesehen, in dem ein Kleinkind versuchte, einen Zeitungsabschnitt mit Daumen und Zeigefinger zu vergrößern, indem es die gleiche Geste ausführte, als würde es sich ein Bild auf dem Handy ansehen. Immer häufiger sieht man auch Senioren fortgeschrittenen Alters, die Suchanfragen in ihr Handy tippen und Botschaften über

Messenger-Dienste versenden. Denn das Internet und die sozialen Medien sind zu begehrten Treffpunkten geworden. Wieso sollte man diese Strukturen nicht nutzen, um eigene Ziele zu erreichen?

Der Unterschied zwischen Social Media und Einkaufszentrum besteht nur darin, dass die Online-Plattformen Tag und Nacht geöffnet haben, die Dienste 24/7 verfügbar sind. Unterschiedliche Plattformanbieter ziehen Menschen mit unterschiedlichen Bedürfnissen an. Stellt sich die Frage: Wo findet sich deine Zielgruppe? Dazu fällt an dieser Stelle die erste wichtige Entscheidung: Nach welcher Person suchst du? Wer ist ein geeigneter Mitarbeiter in deinem Unternehmen?“

Sebastian kratzt sich am Kinn und antwortet schließlich: „Ich würde sagen, Leute, die fleißig sind, die anpacken können und handwerklich begabt sind.“

„Das ist ein guter Anfang“, erwidere ich. „Bist du mit deinen jetzigen Mitarbeitern zufrieden?“

Diesmal kommt die Antwort unerwartet schnell: „Absolut. Wir haben ein Spitzenteam. Jeder steht für den anderen ein, wir arbeiten sehr schnell und genau.“

Das interessiert mich. „Erzähl mir mehr von deinen Mitarbeitern“, sage ich und hole meinen Notizblock aus der Tasche. Abwechselnd stelle ich Sebastian Fragen und notiere seine Antworten, bis nach 5 Minuten folgende Personen auf meinem Block stehen: André Dürr, Alfons Brose, Franz Ackermann, Tobias Polzin, Daniel Holzer.

André Dürr sei ein begeisterter Motorsportfan, der es liebe, in seiner Freizeit mit der Enduro durchs Gelände zu brettern, erklärt Sebastian: „André nimmt auch an Motocross-Veranstaltungen teil und hat schon einige Pokale gewonnen. Wenn es in der Firma dann um Holzarbeiten geht, arbeitet André besonders filigran. Das ganze Gegenteil ist Alfons Brose – er ist eher der Mann fürs Grobe, ein echter Allrounder."

Wow, von Kindesbeinen an soll dieser Mitarbeiter Kammnagels immer davon geträumt haben, eine eigene Windmühle zu bauen. Und diesen Traum hat er sich und seiner Frau erfüllt. Denn er lebt in seiner selbstgebauten Windmühle! Franz Ackermann und Daniel Holzer arbeiten immer im Team. Sie sind auch privat beste Freunde und gut darin, die Mannschaft zu führen, auch wenn der Chef nicht dabei ist. Und Tobias Polzin hat ein außergewöhnliches Hobby: Er bestellt sich Bausätze von Leichtflugzeugen, baut diese zusammen und verkauft die Flugzeuge an die Höchstbietenden.

„Eigentlich müsste er nicht bei uns arbeiten, doch er ist seit vielen Jahren ein Freund der Familie Kammnagel", sagt Sebastian.

Als ich ihm die Namen und die Attribute der Mitarbeiter vorlese, die sie ausmachen, lächelt er. Wer hätte gedacht, dass der Mann, der die ganze Zeit recht unscheinbar wirkte und sich mit Meinungen und Kommentaren zurückhielt auf solche fähige Truppe zählen kann?

Einige bewundernde Blicke aus unserer Runde erreichen Sebastian. Und etwas stolz verkündet er: „Ich sagte ja, wir sind ein wirklich gutes Team. Und trotzdem gelingt es uns nur sehr schwer die Auftragslast zu bearbeiten. Selbst unsere Mitbewerber haben nicht die Kapazitäten, als Subunternehmer in größere Bauprojekte einzusteigen, weil auch ihnen die Leute fehlen."

Zeit für die Zusammenfassung: „Ok, Sebastian. Für mich hört es sich danach an, dass du in deinem Unternehmen Menschen beschäftigst, die gerne vollen Einsatz zeigen, sich gerne selbst verwirklichen, auch Verantwortung übernehmen können, kreativ sind und dabei vieles erreichen wollen und können. Und genau diese Message sollte in den sozialen Medien die passenden Menschen erreichen.

Vor einiger Zeit bin ich auf einen Post aufmerksam geworden, der morgens in der Früh ausgestrahlt wurde. Darin stand ‚Keinen Bock mehr auf den Alten?' Diese Kampagne versprach die Arbeit in einem Team mit flacher Hierarchie. Sie schien junge Menschen anzusprechen, denn ich sah sie und sie hat mich neugierig gemacht. Deshalb klickte ich den Beitrag an. Er gefiel mir so gut, dass ich mich dort gemeldet hätte, wenn ich zu dieser Zeit nicht bereits den Vertrag in London unterschrieben gehabt hätte. Inzwischen weiß ich, dass diese Werbung zum Unternehmen von Helmut Ernst gehört."

Helmut lächelt und streckt seinen Daumen in die Höhe.

„Ich möchte damit sagen, dass es absolut erforderlich ist, sich zunächst ein sehr klares Bild von den Menschen zu machen, die du für dein Unternehmen gewinnen möchtest. Wie alt sind sie? Welche Interessen haben sie? Was interessiert sie nicht? In welcher Region leben sie? Und welche Menschen ähneln dieser Fokusgruppe, kommen dem Avatar oder der sogenannten Persona nah?

Aus diesen Antworten ergeben sich Möglichkeiten, Inhalte zu erstellen, die den Zielpersonen gefallen könnten. Und diese Inhalte werden dann an die vermutete Zielgruppe ausgeliefert. Dazu gibt es einen A/B-Test. Das bedeutet, die Kampagnen variieren und die Version mit den besseren Ergebnissen wird übernommen und mit weiteren Tests immer weiter optimiert.

Wenn du also Azubis suchst und du ihnen deinen Mitarbeiter zeigst, der in seiner Freizeit Flugzeuge aufbaut und diese verkauft, dann kannst du dir sicher sein, dass dieser Mitarbeiter auf Azubis eine starke Anziehung ausüben wird."

Das leuchtet Sebastian Kammnagel ein.

Und ich gehe noch ein ganzes Stück weiter: „Du hast vorhin gesagt, dass du glaubst, dass der Handwerksberuf gerade bei jungen Menschen nicht mehr so ankäme, wie es früher der Fall gewesen sein soll. Ich glaube, dass es viele junge Menschen gibt, die gerne in Unternehmen arbeiten, in denen sie einen Sinn sehen und Werte vermittelt bekommen. Sie benötigen Unternehmen als Arbeitgeber, in denen sie sich entfalten können. Und deshalb bin ich davon überzeugt, dass du dein Personalproblem mithilfe von Social Media in den Griff bekommen kannst."

Dann übergebe ich die Karte meiner Tante und höre, wie Sebastian leise den Namen auf der Karte wiedergibt: Die Storyrecruiter.

„Und wie geht es weiter?", fragt Sebastian, während er die Karte in seiner Visitenkartenschatulle verstaut.

„Top-Leute zu beschäftigen ist schon mal ein guter Anfang", antworte ich. Dann möchte ich wissen: „Welche Projekte bearbeitet ihr? Ich meine, die wirklich herausragenden Arbeiten, von denen jeder Mitarbeiter schwärmt und die die Leute da draußen vielleicht auch kennen?"

„Da gibt es so einige", sagt Sebastian und denkt kurz nach: „Du hast bestimmt schon mal von dem Milliardenbauprojekt in Hamburg gehört, über das eine Zeit lang ganz Deutschland gesprochen hat, oder?"

„Na klar, wer nicht?", entgegne ich.

„Am Innenausbau war auch unser Betrieb beteiligt. Die Fertigstellung liegt zwar schon einige Jahre zurück, doch dieses Projekt spiegelt auch ein wichtiges Stück Firmengeschichte wider, weil wir eine Menge daraus gelernt haben", verkündet Sebastian Kammnagel stolz und unterstreicht seine Aussage. „Auch wenn die Mitwirkung an diesem pompösen Bauwerk für uns nicht der größte Auftrag war, überaus anspruchsvoll in der Umsetzung war er allemal. Wir verbauten mehrere hunderttausend Euro an Material und realisierten alle extravaganten Wünsche des Architekten", verkündet Sebastian stolz. Der Schreinermeister scheint wieder in Fahrt zu kommen: „Und kennst du Wladimir Isanov?"

„Den russischen Öl-Multi?", versichere ich mich.

„Ja, genau den", stimmt Sebastian zu und verrät: „Er sammelt Yachten und an einer der größten waren wir im Innenausbau federführend beteiligt. Das war ein nicht weniger anspruchsvolles Projekt." Als der Handwerksmeister meine Hochachtung vor den Leistungen wahrnimmt, relativiert er in bescheidener Art: „Ich muss aber auch dazu sagen, dass unsere Arbeit nicht immer reibungslos verläuft. Es gibt Aufträge, die einem manchmal wirklich schlaflose Nächte bescheren. Mal ist es ein Kunde, dessen Erwartungshaltung vom Endergebnis abweicht, mal sind es Zulieferer, durch deren Materialfehler Reklamationen auflaufen und uns Schweißperlen auf die Stirn treiben." Dann resümiert er selbstbewusst: „Und doch haben wir generationsübergreifend ganze Arbeit geleistet, würde ich behaupten. Denn sonst gäbe es uns nicht schon seit 120 Jahren. Und damit das so weitergehen kann, bin ich an Lösungen interessiert, die unserem Betrieb das Fortbestehen sichern."

„Eine gute Mannschaft und Projekte, die man kennt, bilden die perfekte Grundlage, um Storytelling zu betreiben und neue Mitarbeiter anzuziehen", lautet meine Einschätzung. „Habt ihr schon Werbefilme über euer Unternehmen drehen lassen?"

Sebastian schüttelt mit dem Kopf.

Ich fasse die Vorzüge zusammen: „Das könnte ein guter Schritt in die richtige Richtung sein. Mit dem Medium Film lassen sich wichtige Informationen mit den richtigen Emotionen darstellen.

Herr Ernst hat erklärt, wie die Heldenreise aufgebaut wird. Und mit diesem Ansatz lassen sich Firmengeschichten inszenieren, mit denen künftige Mitarbeiter gewonnen werden können. Denn wenn du weißt, was du möchtest und was du präsentieren kannst, dann fällt die Produktion eines solchen Films relativ leicht."

„Ich habe tatsächlich schon mal über einen Film nachgedacht, die Sache aber immer wieder zurückgestellt – aus Zeitgründen und auch, weil ich bisher niemanden kannte, der Filme produziert", wirft Sebastian ein. „Na, klar, das hört sich alles gut an. Doch, was passiert, wenn ich den Film erst einmal habe? Was ist, wenn er fertig ist, unserem Team gut gefällt. Wie geht es dann weiter?", fragt er mit verschränkten Armen, während er sich nachdenklich gegen das Kinn tippt.

„Dann lässt du die Algorithmen für dich arbeiten", lautet meine Antwort, die sich Sebastian diesmal gefallen lässt. Ich bekräftige: „An dieser Stelle kommen die Vorzüge der sozialen Medien zum Tragen. Damit sie sich richtig entfalten können, wird die Zielgruppendefinition unumgänglich sein. Sie ist aber schon viel früher notwendig, denn du musst dich ja entscheiden, wen du ansprechen möchtest und brauchst eine konkrete Idee, welche Eigenschaften sowie Fertigkeiten, deine neuen Mitarbeiter mitbringen sollen.

Dazu wird die Persona entworfen. Und dafür wiederum kannst du auch deine Mitarbeiter befragen. Welche Eigenschaften sollte ein neuer Kollege oder vielleicht sogar eine neue Kollegin mitbringen? Welche Leistungen kann das Unternehmen noch nicht abdecken, ließe sich den Kunden aber gut verkaufen? Dürfen die neuen Mitarbeiter auch Schwächen in bestimmten Bereichen haben, die das aktuelle Team ausgleichen kann? Die Bestimmung der gesuchten Person stellt Unternehmen, die dies zum ersten Mal machen vor große Herausforderungen.

Ich habe schon mitbekommen, wie einige Befürchtungen äußerten, falsche Bedingungen zu definieren. Doch es hat sich immer gezeigt, dass diese Sorgen unbegründet waren. Mit dem richtigen Partner an der Seite macht die aktive Suche nach passenden Mitarbeitern sogar richtig Spaß. Aus den Anforderungen, was die Personen mitbringen sollen und was ihnen geboten wird, entstehen dann die Ideen für die ersten Szenen des Films. Welcher Mitarbeiter sagt was? Kommen alle Kollegen des Unternehmens zu Wort? Wo spielt die Handlung? Auf der Baustelle? Im Büro? Werden die Hobbies gezeigt oder nur darüber gesprochen? Die Szenen werden in einem Storyboard skizziert. So können sich alle den Ablauf des Films besser vorstellen.

Wenn der Plan fertig ist, verabredet man sich zum Dreh und dann wird Szene für Szene umgesetzt und das ganze Material im Anschluss gesichtet, geschnitten, abgestimmt und nachbearbeitet. Wenn es sehr viel zu erzählen gibt, kann es auch Sinn machen, eine kleine Serie abzudrehen und die Filme in mehreren kleinen Episoden zu zeigen. So wird den Nutzern in den sozialen Netzwerken nicht langweilig, wenn die Kampagne über einen längeren Zeitraum läuft oder wiederholt wird. Sie endet dann, wenn das Ziel erreicht ist und das Unternehmen so viele Mitarbeiter gewonnen hat, wie es beabsichtigt war."

Sebastian nickt. Dann will er wissen: „Das klingt alles nachvollziehbar. Aber ist so etwas nicht auch extrem teuer?"

Helmut Ernst meldet sich zu Wort: „Ich habe für unsere erste Kampagne nicht einmal einen fünfstelligen Betrag bezahlt. Das hat mich auch wirklich überrascht, muss ich sagen. Vergleicht man die Kosten mit einem konventionellen Headhunter und auch mit den Preisen ausschließlich traditioneller Medien, ist der Mitteleinsatz verschwindend gering. Wenn man die einzelnen Aufgaben separat beauftragt, kann es durchaus teurer werden, als wenn man sie bündelt und einem Dienstleister übergibt. Ich spreche in unserem Fall von der Konzeption des Films, von der Produktion und den ersten Aussendungen der bezahlten Anzeigen in den sozialen Netzen."

Sebastian lächelt hoffnungsfroh: „Ich werde diesen Ansatz in jedem Fall mit meinem Team besprechen. Denn wir brauchen definitiv viele neue Mitarbeiter. Umso mehr, desto besser. Auch und vor allem für Projektideen, die mich schon seit langer Zeit beschäftigen, denn ich möchte gerne ins Geschäft mit Tiny Houses einsteigen. Habt ihr davon schon mal gehört?"

Angelika Wildt und Olli Schenker schütteln den Kopf, zeigen sich jedoch interessiert. Linh Cooper-Li und ich nicken, während Helmut Ernst seine Stirn in Denkerfalten legt. Man sieht ihm an, dass ihm der Begriff irgendwie geläufig ist.

Sebastian Kammnagel erklärt: „Wie der Name sagt, handelt es sich dabei um winzige Häuser im weitesten Sinne. Im Prinzip kann man sagen, dass es sich bei den mobilen Lösungen häufig um eine Art ausgebaute Bauwagen handelt, LKWs, die zu rollenden Einzimmerwohnungen umgewandelt werden – mit Dusche und WC, Bad und Kochnische und Schranklösungen. Den Besitzern mangelt es an nichts, obwohl alles im Miniformat entwickelt ist. Nicht jedes Tiny House ist mobil – einige werden auch fest installiert. Der Aufbau dauert dabei selten länger als einen Tag.

Sowohl die mobilen als auch die verankerten Wohnlösungen kommen mit wenig Nutzfläche aus: In der Regel sind das zwischen 10 und 40 Quadratmeter. Soweit ich das beurteilen kann, etabliert sich aktuell ein regelrechter Run auf dieses Prinzip des Minimalismus. Und genau für diesen Lifestyle sind unsere handwerklichen Kompetenzen perfekt geeignet und sicherlich auch gefragt. Wir könnten den Menschen, die mit wenig auskommen wollen, dabei helfen, sich selbst zu verwirklichen. Ich sehe uns schon Prototypen für Bausätze entwickeln, die die Kunden dann selbst zusammenschrauben können. Möglicherweise bieten wir das dann auch noch als Service an. Dafür jedoch brauchen wir Zeit und Leute."

„Das erinnert mich an ein großes schwedisches Möbelhaus", werfe ich ein.

Sebastian lächelt: „Ja, mich auch. Der Unterschied zwischen den Schweden und uns ist nur, dass uns die Leute fehlen."

„Aber du hast jetzt eine Idee ins Spiel gebracht, die die perfekte Steilvorlage für eine Storytelling-Kampagne werden kann", sage ich. „Erinnerst du dich? Vorhin hast du noch gefragt, ob junge Leute den Handwerksberuf nicht ausüben wollen, weil er schmutzig ist und sie früh aufstehen müssen. Wenn du ihnen aber beibringst, solche Minihäuser zu bauen, dann glaube ich, dass du sehr schnell Leute begeistern kannst, sich euch anzuschließen und euch langfristig zu unterstützen."

„Was macht dich da so sicher?", will Sebastian wissen. „Deine Begeisterung für Tiny Houses und mein Wunsch, selbst in einem solchen Haus zu wohnen. Ich lebe in München in einer WG, weil ich mir eine eigene Wohnung in der Stadt nicht leisten kann. Und außerdem schätze ich meine Privatsphäre. Ich habe selbst wenig Lust, mich in meiner Bewegungsfreiheit weiterhin so stark einschränken zu müssen, doch ich wäre bereit, räumlich Abstriche zu machen. Bei mir zuhause knarren die Dielen des Altbaus und das führt regelmäßig zu Problemen mit den Mitbewohnern.

Ein solches Minihaus wäre die perfekte Lösung für Studenten und natürlich auch für Leute, die die Welt erkunden wollen. Dazu kommt, dass du die richtigen Menschen um dich herum hast. Überleg mal: Einer, der in einer Windmühle lebt, jemand der Flugzeuge zusammenschraubt. Das richtige Team führt natürlich auch zu Followern, die die gleichen Werte teilen."

„Das kann ich nachvollziehen. Doch wir haben noch kein einziges Tiny House gebaut", lautet der Einwand von Sebastian.

„Ich weiß", gebe ich zurück. „Darauf kommt es aber auch gar nicht an. Wir sprechen hier ja mehr über Storytelling und Kampagnen. Wie man baut, das wisst ihr selbst und das werdet ihr auch hinbekommen. Um Geschichten zu erzählen, muss das fertige Ergebnis, ein Tiny House, nicht unbedingt schon existieren. Es sollte genügen, ein Ergebnis in Aussicht zu stellen. Verstehst du was ich damit meine?“

„Eigentlich nicht“, erwidert Sebastian.

„Okay, stell dir vor du rufst zu einem Kreativwettbewerb auf. Die Idee ist es, gemeinschaftlich mit einem Team aus Interessenten ein Tiny House zu entwickeln, das im Nachgang z. B. versteigert werden soll. Der Erlös könnte an eine wohltätige Organisation gespendet werden. Zum Beispiel an einen Verein, der Obdachlose unterstützt.“

„Ah, ich verstehe.“ Sebastian nickt zustimmend. „Das klingt gut.“

„Genauso gut kannst du eine Schülerfirma gründen bzw. gründen lassen, deren Zweck es ist, selbstständig Tiny Houses zu bauen, natürlich mit eurer Unterstützung. Die Produkte vermietet ihr dann. Während ein Teil für das Erwerben neuer Baumaterialien eingesetzt wird, ließe sich ein anderer Teil der Erlöse zum Beispiel an die Schulen der Mitwirkenden spenden. Du kannst dir bestimmt vorstellen, dass die Begünstigten künftig deine Firma in höchsten Tönen loben werden, was zu Aufmerksamkeit führt und nicht nur neue Kunden, sondern auch neue Mitstreiter auf den Plan ruft.“

Jetzt bin ich in Fahrt: „Einiges an Geld investierst du in die Schülerfirma selbst, um den Aufbau voranzubringen. Somit wird aus deiner Personalkampagne, die sich mit der Zeit selbst trägt, ein Projekt, das dir Geld einbringt, statt Kosten zu verursachen. Und wie ist das möglich? Mit Storytelling.“

„Dein Ansatz gefällt mir“, sagt Sebastian und streckt seinen Daumen in die Höhe. „Und wie stellst du dir die Ansprache vor, Marc?“, will er wissen.

„Eine Kampagne aufzusetzen, benötigt einen Plan, so wie auf dem Bau auch. Man spricht hier zunächst von einem Treatment und einem Storyboard.

Das Story-Treatment fasst den Film zusammen, enthält wichtige Handlungsverläufe und Szenen. Letztere finden sich im Storyboard wieder, Skizzen, die die Szenen darstellen, sodass man sich durch ein paar Bilder die Handlung gut vorstellen kann. Das ist, wenn man so will, der Bauplan, den das Filmteam benötigt, um die Ideen lebendig werden zu lassen."

„Das leuchtet mir ein", sagt Sebastian, „aber soll ich über ein Tiny House sprechen und ein Stück Papier in die Kamera halten?"

Bei diesem Vergleich muss ich lachen.

Sebastian auch.

„Ich verstehe", sage ich und schlage vor, 3D-Animationen zu verwenden. „Damit kann der Handwerksmeister etwas anfangen."

„Ah du meinst, wir lassen ein Modell kreieren, das wir als Bauvorlage präsentieren?"

„Na klar", stimme ich zu. „Genauso habe ich mir das vorgestellt. Ich habe mal ein Zitat von Disney gelesen: ‚Wenn du es träumen kannst, kannst du es auch tun.' Das passt in diesem Zusammenhang recht gut, finde ich."

Sebastian drückt aufs Gas: „Ok, angenommen, der Film ist fertig. Wie geht es dann weiter?"

„Ehrlich gesagt, bin ich gedanklich noch gar nicht so weit", bremse ich ihn etwas ein. Stattdessen möchte auf die Vorbereitungen zu sprechen kommen: „Bevor der Plan für den Film von eurem Team endgültig abgesegnet ist, empfehle ich Kontakt zu einer Schule aufzunehmen oder Schüler aus der Umgebung nach ihrer Meinung zu diesem Ansatz zu befragen. Denn genau an dieser Stelle lauert die Gefahr Budget zu verbrennen.

Große Werbeagenturen zum Beispiel verheizen viel Geld dafür, Filme zu planen und sie umzusetzen. Was aber, wenn sie hinterher nicht beim Zielpublikum ankommen, wie gewünscht? Und das obwohl die Beteiligten ihre Hand für die jeweilige Produktion ins Feuer gelegt hätten. Deshalb ist es nicht verkehrt zunächst einmal zu prüfen, ob die Botschaft in die Zielgruppe passt. Wenn du 100 Schüler befragst und die Hälfte Feuer und Flamme ist, dann bist du auf dem richtigen Weg.

Das Gute daran: Die Schüler werden dir auch gleich noch Fragen stellen und diese Fragen lassen sich im Film beantworten. In kurzer Zeit, ein interessantes Thema so knapp verdichtet wie möglich mit ansprechenden Bildern – das ist der perfekte Film für deine neue Mannschaft. Ich möchte keineswegs deine Begeisterung dämpfen, nur an dieser Stelle noch einmal darauf aufmerksam machen, dass es andernfalls zu Enttäuschungen führen kann. Es gibt einige Beispiele von Kampagnen auch von großen Verbänden, die deshalb floppen, weil sie es nicht schaffen, die richtige Sprache zu sprechen. Deswegen das Testing."

„Ok, das habe ich verstanden", sagt Sebastian.

Wie ein Schreinerei-Betrieb zum Investor wurde – Die Erste

Zeit für eine kleine Pause. Was kommt dir in den Sinn, wenn du dieses Kapitel auf dich wirken lässt? Worüber denkst du nach? Udo Barth freut sich auf Feedback und Fragen.

autorenclub.de/ub/5

Über den Zugang zur Internetseite des Autors lassen sich die einzelnen Buchkapitel kommentieren. Neben Feedbacks sind auch Fragestellungen möglich, die der Autor per Sprachnachricht oder E-Mail beantworten wird.

Entscheide selbst, ob du Udo Barth persönlich Feedback geben möchtest oder deine Meinung mit der gesamten Leserschaft teilst. Wenn Fragen zur Interaktion mit dem Autor aufkommen, beantwortet unser Verlagsteam diese gerne unter: leserfragen@marianprill-verlag.de

Autoren Club

Sebastian Kammnagel, 37 Jahre, Schreinermeister und Inhaber einer Handwerksfirma: Nach der Messe geht es schnell wieder zurück an die Arbeit. Ihm bleibt kaum Zeit zum Verschnaufen, denn der Betrieb hat zu wenig Personal für die Arbeitslast.

Softwareentwicklung statt Windmühlenbau

„Das alles klingt gut", wirft Linh Cooper-Li ein. „Aber was sollen wir machen? Wir bauen weder Windmühlen, noch Flugzeuge", fragt sie nachdenklich in die Runde.

Ein Moment der Stille füllt den Raum.

Linh nutzt diese Chance, um die eigene Reputation wiederherzustellen: „Ich wurde von einem recht erfolgreichen mittelständischen Software-Unternehmen eingekauft und bin dort für den Aufbau eines firmeninternen Start-ups verantwortlich. Für diese Aufgabe sind mir mehrere Rollen zuteil geworden. Und das fordert mich extrem, wie ihr schon mitbekommen habt: Als Projektmanagerin habe ich im Moment die Aufgabe, eine Software-Implementierung umzusetzen. Gleichzeitig trage ich Personalverantwortung und baue das Entwicklerteam mit auf. Und dann bin ich zu einem kleinen Teil mit Vertriebs- und Marketingaufgaben betraut worden. Ihr seht schon, das volle Programm, denn es handelt sich um eine hybride Stelle, die mir die notwendige Flexibilität einräumen soll. Das ist zumindest der Plan."

„Woher bezieht euer Start-up neue Leute?", fragt Sebastian Kammnagel neugierig.

Linh sagt: „Wir arbeiten viel mit Hochschulen zusammen und stellen ihnen die Software unseres Hauptunternehmens zur Verfügung. So kommen die Studenten mit uns in Kontakt, wir sind ihnen schon mal ein Begriff und sie können sich mit unserer Firma identifizieren. Wir gehen aber auch den konventionellen Weg über Stellenportale und Headhunter."

„Was genau ist das Produkt, das an den Hochschulen im Einsatz ist?“, möchte ich wissen.

„Das Mutterunternehmen entwickelt Software speziell für Labore“, antwortet Linh und präzisiert, „sowohl für die Produktion als auch für das Qualitätsmanagement. Die Hochschulen arbeiten gerne mit der Software, die Messungen und Selbsttests ermöglicht. Das bedeutet, die Programme ziehen Daten aus den jeweiligen Maschinen, um die Leistungsfähigkeit zu ermitteln. Einige Hochschulen bieten diese Tests auch Unternehmen als Dienstleistung an.“

Nun stellt auch Helmut Ernst eine Nachfrage: „Sind die Leute, die diese Software verwenden, Chemielaboranten?“

„Auch“, stimmt Linh zu, „aber nicht nur. Viele verbinden die Bezeichnung Labor mit Medizin und Chemie. In unserem Fall sind Labore im weitesten Sinne gemeint. Dazu gehört auch die Automobilbranche, die Dummytests an Prototypen durchführt, um beispielsweise Airbags auf Verlässlichkeit zu prüfen.“

Helmut Ernst lächelt als ahnte er, welches Softwareunternehmen sich dahinter verbirgt, fragt aber nicht weiter nach.

„Dies war das Kernprodukt, mit dem das Unternehmen vor 20 Jahren groß geworden ist“, führt Linh weiter aus. „Im Kern ging es der Firma schon immer um das Thema Sicherheit.“

So richtig habe ich es noch nicht verstanden: „Durch die Verwendung der Software an der Uni kommt ihr dann mit den Studenten in Kontakt? Helft ihr noch irgendwie nach? Oder wird bei der Verwendung der Software automatisch euer Personalbedarf kommuniziert?“

Linh lacht und schüttelt den Kopf. Ich glaube, es ist das erste Mal, dass ich sie lachen sehe.

„Nein“, sagt sie. „Wir hatten kürzlich einen Bachelorabsolventen im Unternehmen, der seine Bachelorarbeit über die besagte Software schreiben wollte und uns als Praxispartner gewann. Er war bei uns im Unternehmen und im Gegenzug hielt ich dann einen Vortrag an seiner Uni, um unser Start-up vorzustellen. Manchmal entstehen auch durch den Austausch mit den Dozenten gute Kontakte.

Wir mailen regelmäßig Stellenausschreibungen hin und her und fragen gelegentlich auch aktiv nach, um geeignete Kandidaten zu finden. Doch das ist alles andere als einfach. Wir haben jetzt 11, ab heute nur noch 10 Programmierer im Team, sind also verhältnismäßig klein. Größe und Erfolg sind ein wichtiger Faktor, durch die große Tech-Unternehmen punkten können und uns gegenüber erhebliche Vorteile haben.“

Ich interessiere mich für Linhs Tagesablauf, woraufhin sie erklärt, dass kein Tag dem anderen gleicht: „Es kommt praktisch immer darauf an, wo die Not gerade am größten ist. Und auf diese Problemlösung fokussiere ich mich dann. Durch die unterschiedlichen Aufgabengebiete ist es für mich kaum möglich, Routinen zu etablieren. Leider, und das bedauere ich ein Stück weit, ist in der neuen Firma sehr viel vorgegeben. Alles wird mit dem Chef abgestimmt. Das ist nicht besonders effektiv und alles andere als effizient. Darüber hat sich schon mein Vorgänger beklagt, der selbst gekündigt hat. Und vermutlich wird es auch so bleiben, wodurch sich mein Chef selbst viel vergibt. Denn unser Start-up ist nur stark eingeschränkt handlungsfähig und kann nicht so flexibel agieren, wie ich es mir wünsche. Durch die Kontrolle des Inhabers können wir nur bearbeiten, wo es gerade brennt. Ständig fehlt uns Zeit. Einigen anderen Abteilungen geht es nicht anders. Jeder versucht, jeden Tag zu retten, was irgendwie zu retten ist. Ich glaube, das Unternehmen hat sich mit dem Start-up nicht unbedingt einen Gefallen getan. Zumindest dann nicht, wenn es so weitergeht, wie es gerade läuft. Ich würde wirklich gerne Ruhe ins Unternehmen bringen.“

Diese Feststellung reaktiviert einen Gesprächsteilnehmer, der recht still geworden ist. Olli Schenker meldet sich zu Wort. „Das sind ja ganz neue Töne, Linh", sagt er lobend, während er an seinem Ring dreht. Dann schließt er die Frage an, die sich in der Runde wohl alle gestellt haben: „Wie kommt plötzlich dieser Richtungswechsel?"

Linh nickt bedächtig, während sie nach einer Begründung sucht: „Tja, die bestehenden Strukturen habe ich ja bereits angedeutet. Geplant ist eine Menge. Es wird viel angefangen, doch immer kommt dann etwas anderes dazwischen, das die Umsetzung des Plans verhindert."

Ihre Miene verfinstert sich für einen kurzen Moment, als Linh die eigene Gefühlslage knapp auf den Punkt bringt: „Das ist schon sehr frustrierend. Seltsamerweise ist mir das erst heute so richtig bewusst geworden. Auch durch die Gespräche mit euch."

Dann lächelt sie zögerlich, schaut in die Runde und sagt: „Danke dafür." Es folgt ihr Fazit: „Wenn es an vielen Stellen nicht weitergeht, führt dies zu Unzufriedenheit bei allen. Wie will man in einer solchen Umgebung ein positives Mindset schaffen und Mitarbeiter anziehen? Ich hätte gerne die Legitimation und vor allem die Zeit, mich noch intensiver darum zu kümmern, gute Entwickler zu finden, würde gern noch mehr auf die Hochschulen und Unis setzen und dort viel öfter präsent sein. Vielleicht mit Aktionen die Spaß machen, bei denen sich Leute ausprobieren können.

Ich glaube, dass künftige Programmierer Gefallen daran finden, Teil eines großen Ganzen zu werden, wenn sie sich damit identifizieren können. Doch was könnte das sein? Ich komme einfach nicht dazu, mir darüber Gedanken zu machen. Durch das bereits jetzt schon unterbesetzte Team steht unser Start-up pausenlos unter Druck. Ich hoffe, dass Stefan eine Nacht über seine Entscheidung schläft, sich besänftigen lässt und zurückkommt.

Ich befürchte, dass seine Kündigung andernfalls weitere Entwickler veranlassen könnte, zu gehen. Ich habe Entwickler auf Business-Portalen gesucht und Stefan dort gefunden“, beantwortet Linh meine vorangegangene Frage, wo sie auf ihren besten Mann aufmerksam wurde.

Doch dann stellt sie klar: „Das war aber auch ein Glücksgriff. Denn viel kam bei der Suche nicht heraus. Gute Entwickler sind rar gesät. Die meisten schrieben mir zurück, dass sie eigentlich ganz glücklich seien, wo sie gerade arbeiteten. Sie schlugen mir vor, weiter in Kontakt zu bleiben. Ein, zwei Quereinsteiger arbeiteten noch zur Probe bei uns. Doch wir stellten schnell fest, dass sie nicht zu uns passten und wir nicht zu ihnen.“

Die IT-Managerin lässt es sich nicht nehmen, eine Lanze für Quereinsteiger zu brechen: „Marc, du weißt selbst am besten, wie es in der Entwicklung läuft. Man muss dranbleiben. Egal wie lange du schon dabei bist, irgendwann stehst du vor dem nächsten technischen Problem. Und manchmal kommt man einfach nicht weiter. Nach neuen Lösungen zu suchen kann dann schon mal dauern. Für diesen Beruf muss man einfach gemacht sein. Softwareentwickler sind Leute, die aus einem ganz bestimmten Holz geschnitzt sind. Und das macht es eben so schwierig, die richtigen Köpfe zu finden. Während es im kaufmännischen Bereich immer Mitarbeiter gibt, die Dinge nebenbei und in Weiterbildungen lernen, sind die Anforderungen in der Softwareentwicklung um einiges höher und sehr speziell. Deshalb sind Quereinsteiger in unserer Branche eine gute Wahl.

Doch in unserer Company wiederum wird es schwierig die Anforderungen mit den Gegebenheiten zu synchronisieren und die Merkmale der Quereinsteiger mit der Haltung des Geschäftsführers auf einen Nenner zu bringen. Der Chef kann die Kontrolle einfach nicht abgeben. Am liebsten würde er die Leute selbst einarbeiten, doch dafür hat er einfach keine Zeit. Und an dieser Stelle läuft vieles verkehrt.

Der Geschäftsführer braucht jemanden, der das für ihn erledigt. Das bin ich. Eigentlich. Ich würde immer auf Quereinsteiger setzen, weil sie für die Sache brennen. Mitarbeiter, die nur deshalb studieren, um gutes Geld zu verdienen und deshalb in der IT arbeiten, werden erfahrungsgemäß kaum die Leistungen bringen wie ein überzeugter und heiß motivierter Quereinsteiger.

Zumindest ist das meine Erfahrung. Doch es braucht auch mehr Zeit, um sie einzuarbeiten. Sonst verpufft das Potenzial. Und richtig schwierig wird es erst, wenn in einer solch angespannten Personalsituation wie bei uns, Mitarbeiter familiäre Veränderungen anstreben und ein Kind erwarten. Elternzeit bedeutet Personalschwund fürs Unternehmen. In unserem Fall wird es zum Ende des Jahres noch brenzliger.

Einer der Entwickler erwartet sein viertes Kind. Er hat zum Jahreswechsel bereits seinen Vaterschaftsurlaub vorgemerkt. Es ist schön für ihn, doch bitter für unser Start-up und für mich, die ja auch am Erfolg gemessen wird. Ich komme aus namhaften Technikkonzernen und diese berufliche Station sollte meine Karriere weiter beschleunigen. Doch im Moment bin ich äußerst getrieben, obwohl ich mich die ganze Zeit auf der Stelle bewege. Das kann kein Dauerzustand sein."

„Wenn du mit dieser Firma fertig bist, wirst du bestimmt Unternehmensberaterin für IT Unternehmen, oder?", wirft Olli Schenker lächelnd ein. Linh nickt nachdenklich. Dann setzt er nach: „Wie würdest du die Stimmung im Unternehmen verbessern, wenn du die verantwortliche Geschäftsführerin wärst?"

Linhs Antworten kommen wie aus der Pistole geschossen: „Ich würde die Eigenverantwortlichkeiten klar definieren. Das wäre eine erhebliche Erleichterung.

In dem Moment, in dem ich mich als Managing Director aus einem Projekt herausnehme, Eigenverantwortung übergebe, legen sich dadurch die Mitarbeiter stärker ins Zeug. Wenn jemand permanent kontrolliert und etwas auszusetzen hat, dann setzen sie es nur so um, dass es gerade so passt. Leidenschaftslos. Ich glaube inzwischen, dass ein Großteil der IT-Branche das Riesenproblem hat, dass viele Unternehmer einfach zu sehr ITler sind und sich selbst operativ zu stark ans Tagesgeschäft fesseln.

Damit abonnieren sie geradezu die Probleme. Ich für meinen Teil wünsche mir mehr Gestaltungsfreiräume. Nur dann kann sich entwickeln, was sich mein Geschäftsführer wünscht. Er sagt, dass ihm der Antrieb der Entwickler fehle, sie nicht so eingestellt seien, auch gerne mal länger bleiben zu wollen oder auch am Wochenende zu arbeiten, um etwas fertigzustellen. Ist das erstrebenswert? Und wenn, dann kann eine solche Arbeitsumgebung nur durch eine Unternehmenskultur des Vertrauens entstehen. Nicht durch Druck und Kontrolle.

Mein Chef findet, dass sich unsere Leute zu sehr der 8-Stunden-Mentalität hingäben. Und tatsächlich habe ich so etwas selbst auch noch nicht in einem der vorigen Unternehmen erlebt, in denen ich gearbeitet habe. Die Beziehung zwischen Belegschaft und Arbeitgeber weist in unserem Fall erhebliche Schwächen auf. Paradoxerweise läuft das Mutterunternehmen aber tadellos. Es scheint als hätten sich jene Programmierer der Taktung des Chefs angepasst. In unserem Start-up hingegen fehlen klare Strukturen und die Definition von Verantwortlichkeiten.

Deshalb sind wir von vielen Problemen gebeutelt. Ich finde, dass wir auch die persönlichen Ziele der Mitarbeiter erfassen sollten. Sie müssen das Big Picture kennen und erfahren, warum sie etwas leisten und vor allem auch, was jeder Einzelne bei Erreichung davon hat. Was ist ihr persönlicher Nutzen? Gibt es einen Bonus? Ich persönlich würde mich darum zuerst kümmern.“

Anerkennende Blicke aus allen Richtungen. Die Frau, die in ihrer Verzweiflung anfangs unfreiwillig viel Aufmerksamkeit auf sich zog, beweist nun eigene Haltung, mentale Stärke und vor allem ein stabiles Wertesystem.

„Linh, hast du diese Themen schon mal offen mit deinem Chef besprochen?“, erkundige ich mich.

„Nicht direkt“, sagt sie. „Selbstverständlich habe ich es schon öfter versucht. Doch er blockt schnell ab. Er sagt, dass ihm seine Unternehmen zu wichtig wären und er alles perfekt haben möchte. Ich verstehe ihn. Und grundsätzlich teile ich diese Einstellung auch. Wer will nicht das Beste für das eigene Unternehmen? Doch bei den Führungsmethoden hapert es dann massiv. Ich denke, er wird von einer großen Angst beherrscht, Fehler zu machen, obwohl das zum Geschäft einfach dazu gehört.

Wer versucht, Fehler zu vermeiden, sie künstlich zu unterdrücken, wird letztlich damit den größten Fehler begehen. Die Angst vor Verlusten ist hier größer als die Freude am Gewinnen. Diese wird Führungskräften zuteil, die ein gesundes Maß an Vertrauen in ihre Belegschaft investieren. Mein Chef ist leider ein Perfektionist und wird dies vermutlich auch bleiben. Und das wirkt stark gegen meine Bemühung, gute Programmierer zu akquirieren.“

„Vielleicht gelingt es dir auf eine andere Weise, fähige Entwickler zu gewinnen und dir so das Vertrauen deines Chefs zu sichern.“

Linh sieht mich mit großen Augen an und fragt interessiert: „Wie soll das funktionieren?“

„Ich gehe davon aus, dass man den größten Problemen mit den einfachsten Lösungen begegnen kann“, setze ich an und beschreibe, was ich mir vorstelle. „Wenn fehlende Coder dein kurzfristiges Problem mit dem Kunden lösen, stelle ich dir ein paar begabte Leute aus meinem Umfeld vor, die euch unterstützen können. Es sind Freelancer, so wie ich auch. Wir haben vor kurzem damit begonnen, eine Liefer-Community zu entwickeln. Dafür bezahle ich sie nicht. Und auch niemand von ihnen verlangt Geld von mir.

Wir programmieren diese App, die ältere Menschen und jüngere Menschen verbindet. Eine besondere Art der Nachbarschaftshilfe, wenn man so will. Sie unterstützt Senioren dabei, Einkäufe zu erledigen. Wenn sie wetter- oder krankheitsbedingt Schwierigkeiten haben, Lebensmittel zu kaufen, zum Beispiel im Winter, teilen sie ihre Anforderungen in Form eines Einkaufszettels mit.

App-User, die wiederum gerade im Supermarkt sind, bekommen die Anforderung aufs Handy geliefert, wenn deren Wege, die sie in der App hinterlegt haben, an der Adresse der Bestellerin oder des Bestellers vorbeiführen. Aktuell setzen wir gemeinsam das Logistik- und Bezahlsystem um. Und im nächsten Schritt wollen wir Investoren gewinnen. Denn wir benötigen finanzielle Mittel, um die App bei Kunden, Lieferanten und Märkten bekannt zu machen.

Durch dieses Projekt habe ich schon jetzt sehr viele Erkenntnisse gewonnen: Auch unser Team hatte teilweise unterschiedliche Auffassungen, wie wir vorgehen. Doch der Wunsch, diese App zum Leben zu erwecken und erfolgreich zu machen ist so groß, dass wir zusammenhalten. Auch ohne einen Chef. Vielleicht ist unser Projekt perfekt für dich geeignet, um mit anderen Programmierern in Kontakt zu kommen. Vielleicht ist dieses Projekt auch eine gute Abwechslung für deine Entwickler. Und möglicherweise bringt eine Kooperation neue Dynamik in euer Start-up."

Linh zeigt sich erfreut und bedankt sich für diese Option. Dann sagt sie: „Ich denke, Entwickler-Events wären eine gute Sache. So ließe sich der Druck der Gesamtsituation bestimmt mindern. Dampf machen führt zum Gegenteil des zu erzielenden Ergebnisses."

„Statt das Team dazu anzuhalten, im Urlaub zu arbeiten, müsste es eigentlich umgekehrt laufen“, ergänze ich. „Heute arbeitet mal keiner, stattdessen verbringen wir einen Tag miteinander und lernen uns mal wieder auf persönlicher Ebene kennen.“

Als ich meinen Gedanken ausgesprochen habe, atmet Linh schwer auf. „So etwas verlangt nach viel Mut“, erwidert sie.

„Das ist richtig“, stimme ich zu, bevor ich abwäge, „doch es erneuert die Beziehungsebene: Sich mal unterhalten, bei Bedarf über Probleme sprechen, ein Ohr dafür haben und auch mal miteinander lachen. Wenn die Leute das Gefühl bekommen, dass jeder gleich viel wert ist, dann entwickelt sich ein Spirit, der das Team zusammenschweißt.“

„Das Beste für das Unternehmen zu wollen, nur weil der Chef das will, wird kaum funktionieren. Das Beste für das Unternehmen wollen, weil die Belegschaft an etwas Großes glaubt, funktioniert schon eher“, kommentiert Helmut Ernst.

„Das Wichtigste ist, dass die Mitarbeiter positiv gestimmt sind und sich wohlfühlen“, fügt Olli Schenker hinzu. „Das Resultat ist ein ähnliches wie bei ‚Kunden werben Kunden‘, eben nur auf die Mitarbeiterseite bezogen. Der Ruf guter Chefs eilt ihnen voraus. Ich glaube das ist die Zukunft und ein Punkt, auf den man viel Wert legen sollte.“

„Auch reduzierte Stunden und Homeoffice spielen eine enorme Rolle“, stelle ich fest. „Jeder will das eigene Leben genießen. Die Arbeit gerät mehr und mehr in den Hintergrund. Und ich glaube es wird noch viel stärker in diese Richtung gehen. Darauf müssen sich Unternehmer gefasst machen, es akzeptieren und entsprechend handeln.“

Linhs Motivation scheint zu steigen: „Man müsste etwas anbieten, was andere Firmen nicht bieten.“

Nun meldet sich Angelika Wildt zu Wort: „Obwohl auch die Pflegebranche erhebliche Schwierigkeiten hat, gutes Personal zu gewinnen, gibt es vereinzelt Unternehmen, die über mehr Personal verfügen, als sie eigentlich bräuchten und keine weiteren Bewerberinnen und Bewerber mehr einstellen."

Linh und Sebastian schauen sich zunächst gegenseitig und dann verwundert Angelika an.

„Wie das?", fragt Sebastian.

„Dazu muss ich ein bisschen ausholen", kündigt Angelika Wildt an und beginnt zu erzählen. „Ich bin davon überzeugt, dass das Notwendigste die Pflege, doch das Allerwichtigste die Seele ist. Und zwar völlig unabhängig vom Alter. Das Gefühl, nicht mal mehr alleine auf die Toilette gehen zu können, weil gerade niemand Zeit hat, um dir dabei zu helfen, ist schrecklich. Es geht den alten Menschen so. Und es ging auch mir vor vielen Jahren so, als ich selbst sehr krank war. Inzwischen ist es so bei uns, dass …"

Angelika Wildt hat den Satz noch nicht ausgesprochen, da ertönt die Flughafenansage: „Meine sehr verehrten Damen und Herren, liebe Reisende. Ich darf Ihnen mitteilen, dass der Warnstreik der Fluglotsen soeben beendet wurde. Bitte begeben Sie sich zu Ihrem Gate."

Wir sehen uns überrascht an. Die Leute um uns herum schauen auf die Uhren und die Menschentrauben beginnen sich innerhalb von wenigen Minuten aufzulösen. Wortlos kramt unsere Gruppe in Hosen- und Jackentaschen, in Aktenkoffern und Handtaschen nach Visitenkarten, die wir fast wortlos austauschen und uns voneinander verabschieden.

Ich muss ehrlich gestehen, dieser Moment fällt mir schwer. Selten zuvor hatte ich Verkehrshindernisse so begrüßt, wie im Nachhinein an jenem Tag im Frankfurter Flughafen. Ich verlasse als letzter meinen Platz. Als ich mich umsehe, wirkt er seltsam ruhig. Nur Gläser und Flaschen stehen noch dort, so wie am Morgen nach einer Party.

Auch ich schaue auf meine Uhr und erneut auf mein Handy. „Ich bin am Gate“, hat Thomas mir gesimst. „Es kann losgehen, Marc. Ich freue mich, dich zu sehen.“

Weniger als 60 Minuten später hebt unser Flieger ab und der Pilot setzt den Kurs in Richtung England. Ich schaue auf Frankfurt hinunter und beobachte, wie die Stadt immer kleiner wird, während die Begegnung mit Helmut und Angelika, Olli, Linh und Sebastian noch immer stark nachwirkt.

Thomas, der kaum als er gesessen hat, schon schlief, erzählte mir zuvor, dass er eine harte Nacht hinter sich hat, weil er mit Freunden die Verabschiedung aus Deutschland feierte. Er wird die nächsten zwei Jahre in England leben.

Ich setze meine Kopfhörer auf, höre Musik, schließe meine Augen und freue mich auf die nächsten Monate.

Softwareentwicklung statt Windmühlenbau

Zeit für eine kleine Pause. Was kommt dir in den Sinn, wenn du dieses Kapitel auf dich wirken lässt? Worüber denkst du nach? Udo Barth freut sich auf Feedback und Fragen.

autorenclub.de/ub/6

Über den Zugang zur Internetseite des Autors lassen sich die einzelnen Buchkapitel kommentieren. Neben Feedbacks sind auch Fragestellungen möglich, die der Autor per Sprachnachricht oder E-Mail beantworten wird.

Entscheide selbst, ob du Udo Barth persönlich Feedback geben möchtest oder deine Meinung mit der gesamten Leserschaft teilst. Wenn Fragen zur Interaktion mit dem Autor aufkommen, beantwortet unser Verlagsteam diese gerne unter: leserfragen@marianprill-verlag.de

Angelika Wildt, 51 Jahre, Pflegedienstleiterin: Noch beseelt vom jüngsten Personalführungs-Workshop ist die Frau der Meinung: „Es kommt immer auf den Menschen an - generell und in der Pflege sowieso.“

Die ersten Wochen in London

Seit zwei Wochen wohne ich in London und ich muss sagen: „Wooooow."

Diese Stadt hat es wirklich in sich. Ich bin hier richtig angekommen, so wie die 20 Millionen Besucher, die London jährlich anzieht. Dafür gibt es auch alle Gründe: Gefühlt ist die halbe Welt an der Themse anzutreffen. Und Sightseeing-Fans wie ich kommen voll auf ihre Kosten. Bisher habe ich mir London vom Bus und vom Fluss aus angesehen.

An einem Abend überredete ich Thomas, zu Fuß durch die Stadt zu ziehen. Aus dem geplanten Abend wurde eine ganze Nacht. „Eine gute Entscheidung", meinte Thomas im Nachhinein zu mir und klopfte mir auf die Schulter. Ich war nicht der Einzige, den die exotischen Gerüche und das kosmopolitische Flair gefangen genommen haben. Von einem Arbeitskollegen habe ich mir sagen lassen, dass London sich ständig verändert, während die Bürger eisern an den alten Traditionen festhalten. Dass inzwischen mehr als 10 Millionen Menschen die Metropole ihr Zuhause nennen und in „Greater London" wohnen, wundert mich nicht. Zehntausende sollen jedes Jahr dazukommen. Neu war für mich jedoch, dass nicht Engländer London gegründet haben, sondern die Römer.

Vor knapp 2000 Jahren legten die italienischen Gründerväter das Fundament für die Siedlungen, die durch die erste Brücke über die Themse verbunden waren. Sie nannten dieses Fleckchen Erde Londinium und schon innerhalb weniger Jahre soll daraus eine bedeutende Handelsstadt heran gewachsen sein, die mit Mailand, einer Heimatstadt der Römer, konkurrierte. Weitere 1500 Jahre später wird die Einwohnerzahl Londons auf 90.000

geschätzt, eine überwältigende Stadtgröße im Vergleich zu anderen europäischen Ländern. Apropos Größe. Vor einigen Tagen besuchte ich das erste Mal das London Eye. Etwa 130 Meter hoch ist das Riesenrad, das zur Jahrtausendwende aufgestellt wurde und sich großer Beliebtheit bei Einheimischen und Touristen erfreut. Daraufhin schickte ich meiner Oma eine Ansichtskarte.

Ich habe mir angewöhnt, die Eindrücke, die ich auf Reisen sammle, mit meiner Familie zu teilen. Und weil mich meine Großeltern als Kind immer mit auf die Münchner Kirmes nahmen, hielt ich das London Eye für das beste Kartenmotiv, um Grüße von der Insel zu schicken.

Dass ich mir im Riesenrad einen majestätischen Überblick über die Stadt verschaffte, verschwieg ich meiner Oma aber. Sie ist nicht mehr die Jüngste und macht sich in letzter Zeit unnötig viele Sorgen. Wahrscheinlich würde sie kein Auge zubekommen, wenn ich ihr geschrieben hätte, dass sich das Riesenauge dauerhaft dreht: Wer also ein- oder aussteigen möchte, kann dies nur aus der Bewegung heraus tun. Vermutlich haben die Betreiber errechnet, dass das Anhalten des London Eyes nicht effektiv genug sei. Jedenfalls sind die 32 Gondeln nahezu dauerhaft besetzt. Eine halbe Stunde Wartezeit ist das Minimum, doch lohnenswert, denn von oben kann man zig Kilometer in die Ferne sehen. Ich meine sogar das Schloss Windsor entdeckt zu haben.

Auch wenn es dunkel wird, braucht sich London nicht zu verstecken. Ganz im Gegenteil. Dann zeigen sich die Attraktionen der Stadt von ihrer leuchtenden Seite. In der Nähe des Riesenrads kann man sich die Houses of Parliament ansehen und bei dieser Gelegenheit auch gleich noch den wahrscheinlich berühmtesten Glockenturm Englands. Dieser wiederum beherbergt eines der vielen Wahrzeichen der Stadt, das sich regelmäßig bemerkbar macht. Big Ben, die große Glocke in etwa 100 m Höhe, lässt die Stadt regelmäßig wissen, was die Stunde geschlagen hat. Die Londoner kennen auch die Schattenseiten, die der Stadt in der zweitausendjährigen Geschichte nicht erspart geblieben sind. Eine Dokumentation der Ereignisse findet sich zum Beispiel im Museum of London. Von hier aus verschickte ich eine Postkarte an meine Tante Iris.

Sie interessiert sich stark für Stadtgeschichte. Dass die Pest im Mittelalter in London wütete, weiß sie bestimmt. Doch hat sie auch schon vom großen Brand gehört, der sich 1666 in einer Backstube entfacht haben soll und die halbe Stadt in Schutt und Asche legte? Die Reiseleiterin erzählte auf der Stadtrundfahrt, dass die Feuerwalze selbst Häuser aus Stein pulverisiert haben soll. Erst als man auf die Idee kam, ein Gegenfeuer zu entfachen, konnte den Flammen Einhalt geboten werden.

Ich stelle fest: In London kann einem einfach nicht langweilig werden. Ich genieße meine Zeit. Und auch die Arbeit macht mir viel Spaß. Thomas und ich arbeiten teilweise im Office, teilweise remote, entwickeln Plug-Ins für Community-Anwendungen.

Als ich mich einige Tage später an meinen Rechner setze, leuchtet die Mailbox kurz auf. Ich habe elektronische Post bekommen und der Name der Absenderin kommt mir vertraut vor: Angelika Wildt.

Lieber Marc,
bist du gut in London angekommen?

Nachdem sich neulich unsere Truppe am Flughafen so schnell aufgelöst hat, habe ich viel über die Tipps und Hinweise nachgedacht, die du Sebastian Kammnagel gegeben hast.

Ich erzählte auch meinem Chef von unserer Begegnung und habe ihn offenbar neugierig gemacht, denn Herr Sonntag würde sich sehr freuen, dich kennenzulernen. Wir beide sind der Meinung, dass wir deine Unterstützung bei der Personalgewinnung gut gebrauchen können.

Wie lange bist du noch in London? Und hättest du grundsätzlich Interesse an einem Kennenlerngespräch?

Ich freue mich, von dir zu lesen und wünsche dir viel Spaß in der englischen Hauptstadt.

Herzliche Grüße
Angelika Wildt

Mir war gar nicht bewusst, dass ich so nachhaltig Eindruck hinterlassen habe, denke ich mir und schaue auf die Uhr. Noch 15 Minuten bis ich mich mit Thomas treffe. Genug Zeit also für eine kurze Antwort:

Liebe Angelika,
vielen Dank für deine Nachricht, über die ich mich sehr gefreut habe.

Ich bin noch fünfeinhalb Monate in London, bevor es wieder zurück nach Deutschland geht. Ich habe mich hier gut eingelebt, die Menschen sind freundlich und zuvorkommend, die Arbeit macht Spaß, das Wetter ist besser als man glaubt und auch ich selbst werde jeden Tag besser, bei den Dingen, die ich tue.

Und wie geht es dir?

Zu deiner Frage: Wir können gerne loopen. Ich nutze inzwischen die Konferenz-Software „Loopster", die Linhs Team vor zwei Wochen fertiggestellt hat. Sie ist richtig gut geworden. Wenn ihr einverstanden seid, sende ich euch den Link zum Online-Meeting.

Wie bist du eigentlich zur Pflege gekommen? Auch ich freue mich, wieder von dir zu lesen.

LG Marc

Thomas steht in der Tür und wirft mir meinen Tennisschläger zu: „Komm schon Marc, Joey und Brittany warten unten im Auto."

Als wir auf dem Weg zum Platz an den Pubs vorbeifahren, denke ich an Olli Schenker. Was er wohl gerade macht?

Auch durch unsere neuen Freunde erfahre ich noch mehr über die Stadt. Brittany erzählte mir nach unserem Tennis-Doppel vom Tower of London, der am nördlichen Themseufer liegt. Ich sah ihn bei der Bustour und sie erzählte mir, dass sie ihn sich schon von innen angesehen hat. Von Gräben und Mauern umgeben, wurde diese Burg für viele unterschiedliche Zwecke eingesetzt: sowohl als Palast und Schatzkammer, aber auch als Waffenlager, Gefängnis und Hinrichtungsort. Gefangene, die in den Tower einfuhren, sahen als erstes aufgespießte Köpfe anderer Verurteilter. Das war ein Vorgeschmack darauf, was ihnen selbst blühte. Die Engländer fackelten nicht lange und machten mit denen, die sich nicht an die Gesetze hielten, kurzen Prozess.

Bis ins 17. Jahrhundert hinein regierten noch englische Monarchen von diesem Ort aus, während sie dabei von den Leibwächtern des Königshauses, auch Beefeater genannt, beschützt wurden. Heute haben die Leibwächter eher repräsentativen Charakter. Vielen feindlichen Angriffen und Belagerungen trotzte der Tower. Nie konnten Angreifer bis in die königlichen Gemächer vordringen.

Das wäre für England ein echtes Problem gewesen, da auch die berühmten Kronjuwelen im Tower untergebracht und unter extremen Sicherheitsvorkehrungen geschützt werden – damals und heute. Kein Wunder, sind diese Insignien der Macht, doch eng mit der britischen Königsgeschichte verbunden.

Brittany schwärmte von der „Imperial State Crown", dem teuersten Stück dieser prunkvollen Sammlung: Mehr als 3000 Edelsteine schmücken die Krone, darunter Diamanten, Smaragde, Saphire und Rubine. Nur der Queen ist es vorbehalten, diese königliche Kopfbedeckung zu tragen, die 20 Millionen Pfund wert sein soll. Ansehen kann sie sich jeder, der bereit ist, ein mittleres zweistelliges Eintrittsgeld zu bezahlen und der akzeptiert, dass sich diese beeindruckenden Werte ausnahmslos hinter robusten Panzerglasscheiben befinden.

Uneingeschränkt zugänglich wiederum ist der kleinste Bezirk Londons. „Obwohl hier weniger als 10.000 Menschen leben, ist „The City“ am Südufer der Themse für viele Londoner der Dreh und Angelpunkt ihres Lebens“, berichtet Joey. Etwa 1 Million Menschen pendeln hier werktäglich rein und raus. Er gehört dazu, denn im Finanzviertel der Stadt wird richtig Business gemacht. Mir persönlich hat es dort vor allem das Highlight der architektonischen Baukunst angetan: Das Gherkin, das, wie der Name schon sagt, wie eine Gurke in den Himmel ragt. Entworfen hat dieses sensationelle Bauwerk der Star-Architekt Sir Norman Foster. 11.000 Tonnen Stahl wurden dafür geschmiedet.

Ich komme aus dem Schwärmen nicht heraus. Ich bewundere die National Gallery mit ihren Kunstwerken, tanke am Trafalgar Square etwas Energie und habe mir auch The Mall angesehen. Die Allee verbindet den Trafalgar Square mit dem Buckingham Palace. Der Prunkbau beherbergt 600 Räume. Man muss schon blaues Blut haben oder sehr eng mit den Royals verbandelt sein, um einen Blick ins Innere zu werfen. Doch auch außerhalb gibt es einiges zu sehen, vor allem wenn sich der Wachwechsel der königlichen Garde vollzieht. Um Punkt 11:30 Uhr marschieren die Wachen der benachbarten Wellington Kaserne zum Palast und lösen die Wachen des Vortages ab. Ein Spektakel, das von vielen Touristen gerne mitverfolgt wird.

Auch Angelikas Antwort ließ nicht lange auf sich warten: Um 15:30 Uhr des nachfolgenden Tages erreicht mich ihre nächste Mail, in der sie schreibt:

Hallo Marc,
vielen Dank für deine prompte Antwort.

Es freut mich zu lesen, dass es dir gut geht und London hält, was die Stadt verspricht. Auch in Deutschland ist es überwiegend sonnig.

Und auch mir geht es gut, danke der Nachfrage. Das war übrigens nicht immer so. In frühen Jahren musste ich an eigenem Leibe feststellen, dass das Thema Pflege keineswegs nur älteren Menschen vorbehalten bleibt, um auch gleich auf deine Frage einzugehen. Ich hatte es bereits am Flughafen kurz angesprochen: Ich bin davon überzeugt, dass das Notwendigste die Pflege, doch das Allerwichtigste die Seele ist. Und zwar völlig unabhängig vom Alter. Ich weiß, wovon ich spreche, da ich selbst durch einen Schicksalsschlag vor langer Zeit, von heute auf morgen, schwer krank wurde. Das Gefühl, als Anfang Dreißigjährige nicht mehr alleine auf die Toilette gehen zu können, weil gerade niemand Zeit hat, erleben alte Menschen jeden Tag. Und auch mir blieb diese Erfahrung nicht erspart – ein schreckliches Gefühl, von den eigenen Kräften verlassen zu sein und sich gleichzeitig verlassen zu fühlen.

Damit hat meine persönliche Reise begonnen, die mein Leben ein für alle Mal verändern sollte. Durch meine Krankheit verbrachte ich viel Zeit in Übergangspflegen, lernte dort Therapieansätze kennen und sammelte Erfahrungen, auf die ich ehrlich gesagt zu dieser Zeit liebend gern hätte verzichten können. In diesen Pflegeheimen trifft man neben alten Menschen auch Beeinträchtigte aus dem Krankenhaus, Menschen mit Behinderungen, Leute, denen beispielsweise Füße amputiert wurden und Schlaganfallpatienten.

Für dich zur Info: Manchmal können bis zu 12 Wochen vergehen, bis die Menschen aus dem Pflegeheim wieder nach Hause können.

Das Dilemma der Heimbewohner auf Zeit: Es wird über sie gesprochen, nicht mit ihnen. Das bedeutet, du bist die dritte Person und anwesend im Raum, doch niemand bezieht dich ins Gespräch mit ein, denn dafür reicht die Zeit nicht aus. Jeden Tag wuchs mein Wunsch, etwas gegen diese entwürdigende Art des Umgangs mit den Heimbewohnern zu tun.

Als ich wieder gesund war, entschloss ich mich alle möglichen Kurse und Weiterbildungen zu absolvieren, um Antworten auf die Probleme der Pflege zu finden.

Heute hängen in meinem Büro Diplome von Gerontologie bis zum Personal Trainer. Ich habe mich auf Krankheiten und Behinderungen spezialisiert und dieser Mix hat mich auf den Weg zum Coach gebracht.

Anfangs wusste ich nicht, wohin mich all diese Aktivitäten führen würden. Ich konnte und wollte nicht aufhören zu rotieren, habe ein eigenes Konzept entwickelt und dabei berücksichtigt, wie man mit den Menschen umgehen sollte und was sie wirklich brauchen.

Und dann, das war ein sehr glücklicher Tag in meinem Leben, bekam ich die Möglichkeit, das Konzept in einem Seniorenwohnheim anzuwenden. Der Heimleiter war schwer begeistert. Bei ihm lief ich zum richtigen Zeitpunkt regelrecht offene Türen ein. Ich erinnere mich noch, wie er zu mir sagte: „Frau Wildt, wir brauchen hier frischen Wind. Wir wollen wissen, was die Menschen wirklich brauchen."

Und so wurde ich zum Protegé dieses Heimleiters, der gleichzeitig Vorstand einer großen Firma war, die deutschlandweit Qualitätshäuser testete, ob diese auch hielten, was sie versprachen. Diesem Mann verdanke ich sehr viel.

Ich würde mich sehr freuen, wenn du uns den Link zu Loopster schickst.

Dann benötigen wir nur noch einen Termin. In welchen Zeiten bist du generell gut erreichbar?

Ich wünsche dir einen angenehmen Nachmittag und verbleibe mit

herzlichen Grüßen
Angelika

Meine Antwort verschiebe ich auf morgen Früh. Ich setze die Nachricht auf ungelesen und fahre den Rechner runter. Die Mail hat mich etwas mitgenommen. Ein paar Stunden später wache ich auf, setze mich erneut an den Laptop und lese die Nachricht noch einmal. Dann tippe ich meine Antwort in die Tasten:

Hallo Angelika,
deine Nachricht hat mich betroffen gemacht und wirft Fragen auf.

Doch zunächst kommen hier die Zugangsdaten zu unserem Online-Call: https://loopster.tech/

Wenn ihr den Code „219756" eingebt, gelangt ihr zu unserem Meeting, in dem ich euch erwarte.

Terminlich bin ich recht flexibel. Meistens haben wir um 9:00 Uhr unseren Daily Scrum, in dem wir nicht länger als eine halbe Stunde die Aktivitäten des Vortages besprechen und die jeweils neuen Anforderungen des Tages planen. Grundsätzlich ist sowohl 11:00 bis 12:00 Uhr ein gutes Zeitfenster für den ersten gemeinsamen Austausch als auch von 14:00 bis 15:00 Uhr.

Sendet Ihr mir Terminvorschläge?

Und dann drängen sich mir einige Rückfragen auf: Ich selbst habe bisher noch keinen Zugang zur Pflege. Wie kann es sein, dass es dir damals so schlecht gegangen ist in diesem Übergangspflegeheim?

War das ein Zufall?
Klingt sehr unmenschlich.
Ich bin gespannt, von dir zu lesen.

LG Marc

Ich lege mich ins Bett und schaue auf den Wecker: 3:33 Uhr. Ich habe also noch knapp 5 Stunden, um Kraft für den morgigen Tag zu tanken. Die brauche ich, da ein Softwareprojekt kurz vor dem Abschluss steht. Diesmal antwortet Angelika noch schneller. Um kurz vor 11:00 Uhr lese ich:

Hallo Marc,
arbeitest du die Nächte durch? Pass gut auf dich auf!

Danke auch für den Link. Ich darf dir freundliche Grüße von Herrn Sonntag ausrichten. Wir würden Montag, den 16. April um 14:00 Uhr vorschlagen. Passt das für dich?

Und selbstverständlich beantworte ich dir deine Fragen:

In der Pflege ist es immer so, dass es einen geregelten Ablauf gibt. In den meisten Häusern bleiben kaum Gestaltungsspielräume, das heißt, der Ablauf ist manchmal unter Umständen „zu" geregelt.

Es wird häufig davon gesprochen, dass das „Endprodukt" stimmt, die Hygienevorschriften müssen eingehalten werden. Und weil der Rahmen knapp gesteckt ist, ist Zeitmangel die Konsequenz. Es heißt dann zum Beispiel wie in meinem persönlichen Fall: „Machst du das? Geh du mit ihr auf die Toilette. Die muss auch mal. Und die wartet schon."

Es wird öffentlich kommuniziert und der Mensch, der im Rollstuhl sitzt, wie ich damals, muss sich anhören, wie über ihn gesprochen wird. Das tut richtig weh, ist für die Betroffenen oft peinlich und doch Alltag. Durch meine Erfahrungen ist die Kommunikation für mich persönlich ein riesen Thema geworden, weil ich glaube, dass den Mitarbeitern und auch Führungskräften kaum bewusst ist, wie sehr sich die Gepflegten schämen.

Das ist aber nicht alles, denn beim Essen geht es weiter: Essenszeit nach Pflegestufe bedeutet, dass alle, die „gelöffelt" werden, also Hilfe beim Essen benötigen, an einem Tisch sitzen und diejenigen, die selbst essen können, an einem anderen. Stell dir vor, dass Freunde, die über Jahre gemeinsam aßen, auseinandergesetzt werden, weil einer von beiden plötzlich eine andere Pflegestufe hat. Bei einem früheren Arbeitgeber habe ich erlebt, dass sich Freunde heimlich geholfen haben, um die Umsetzung zu vermeiden. Denn die Menschen, die dort auf Pflege angewiesen sind, wissen genau was passiert, wenn sie schlechter eingestuft werden. Und so wenden einige viel Energie auf, um auch weiterhin beieinander zu bleiben. Gelingt das nicht, sind für die Verabreichung des Essens ausschließlich autorisierte Personen legitimiert und verantwortlich. Nicht alle, die in einem Pflegeheim arbeiten, dürfen den Pflegebedürftigen beim Essen behilflich sein. Hier gelten strenge Regeln.

Vor langer Zeit führte ich mit jemandem, der sich mit diesem Thema nicht auskannte, ein Gespräch dazu. Er sagte mir, dass das, was er da höre, nach einer Roboterfabrik klingt. Auch wenn wir in den Pflegeheimen von Robotern noch verschont sind, Gott sei Dank, sind die Minuten vom Staat gezählt. Die Zeit ist ständig knapp.

Wenn man nach dem Gesetz geht, sollte die Pflege spätestens um 9:45 Uhr erledigt sein. Alle Bewohner auf den Stationen sollten gefrühstückt haben und gewaschen sein, weil die Mitarbeitenden dann zur Pause gehen und sich dementsprechend weniger Personen im Stockwerk aufhalten. Durch diese Regelung entsteht Stress.

Und zwar vor allem dann, wenn du an Demenz erkrankte Menschen zu versorgen hast. Es gibt eine Phase in dieser Krankheit, die etwa 80 Prozent der Betroffenen durchleben und die jeweils etwa ein halbes Jahr andauert, in der diese einen irrsinnigen Bewegungsdrang haben. Sind dann zufälligerweise zwei bis drei Betroffene in einem Stockwerk, die diese Erscheinung zeigen, steigt der Aufwand massiv und du kannst die wenigen Minuten für diese Personen nicht einhalten. Die verlorene Zeit muss dann an anderer Stelle kompensiert werden, um rechtzeitig fertig zu werden. Das ist ein Kreislauf, der auch für das Personal äußerst schwierig ist. Es gibt aber Möglichkeiten, Dinge zu ändern. Genau dafür habe ich Schulungskonzepte erstellt.

Gesetze kann man nicht so einfach ändern, doch man kann innerhalb der Gesetze sehr viel tun. Wenn ein Heimleiter dazu bereit ist, Dinge in Frage zu stellen, können sich neue Strukturen als enorm zeitsparend her-

ausstellen, was zu Leichtigkeit in den Abläufen führt, und zwar ohne die Menschen innerlich zu treffen. Und das Beste daran: Es gibt Heimleiter in der Pflege, die ihren Beruf mit Herzblut umsetzen. Zu dieser Kategorie gehört auch Frank Sonntag.

Wir freuen uns auf das Gespräch mit dir.

Herzliche Grüße nach London
Angelika

Das passt mir gut in den Plan:

Hallo Angelika,
euren Terminvorschlag nehme ich gerne an.

Ich freue mich auf unser Gespräch am 26. April um 14:00 Uhr.

Langsam verstehe ich auch, was Helmut Ernst im Flughafen damit meinte, als er von harter Branche sprach.

Ich habe noch ein paar weitere Fragen, wenn du gestattest:

1) Wie läuft so ein Tag in der Pflege eigentlich ab?
2) Wie ist das Personal strukturiert, also wie sieht die Hierarchie in einem Pflegeheim aus?
3) Und was genau meinst du damit, wenn du sagst, dass man die Dinge verbessern kann?

Ich bleibe weiterhin gespannt auf deine Antworten und sende

LG aus dem verregneten London
Marc

Noch am selben Tag erreicht mich Angelikas Terminbestätigung:

Hallo Marc,
wir freuen uns auch auf unser Gespräch.

Und selbstverständlich skizziere ich dir grob den Tagesablauf in Pflegeheimen. Für gewöhnlich beginnt die Arbeit morgens um 7:00 Uhr und geht bis abends um 19:00 Uhr. Damit endet die erste von zwei Schichten im Zwölf-Stunden-Modell. Es gibt auch Acht-Stunden-Wechsel mit Vor- und Nachmittagsdiensten, das variiert je nach Haus.

Gelegentlich verlängert sich die Schicht auch mal um eine Viertelstunde, wenn Absprachen in der jeweiligen Abteilung getroffen werden müssen. Meist lädt der Pflegedienstleiter oder die Bereichsleiterin dazu ein, um sich beispielsweise ein Bild von den Vorkommnissen in der Nacht zu machen oder zu planen, was tagsüber passieren soll. Es geht um Verschlechterungen und Verbesserungen des Befindens der Bewohner und um Arztbesuche.

Grundsätzlich beginnt pünktlich um 7:00 Uhr das Waschen. Es schließt sich das Frühstück an, das von Haushaltshilfen vorbereitet wird, die häufig sehr leckere Mahlzeiten vorbereiten. Das Frühstück steht auf dem Tisch, wenn die erste Person gewaschen und gepflegt ist. Und um 10:00 Uhr wird abgeräumt. Das ist verbindlich vorgegeben.

Wenn es bei den Mitarbeiterinnen und Mitarbeitern dann abwechselnd Pause heißt, fehlt immer mindestens eine Person pro Station. Wenn vier Leute auf der Station sind und jeder eine Viertelstunde Pause hat, bedeutet das, dass jede Abteilung mindestens eine Stunde lang unterbesetzt ist. Und hier zeigt sich die Organisationskunst.

In einigen Heimen gibt es Beschäftigte oder ehrenamtlich engagierte Leute, die sich um die Bewohner kümmern, mit ihnen ein Programm machen, spazieren gehen und sie zum Essen zurückbringen. Das krasse Kontrastprogramm dagegen, und das ist leider die Wahrheit in manchen Heimen, zeigt sich, wenn manche Bewohner noch mit dem Latz vom Frühstück am Mittagstisch sitzen. Die betroffenen Personen wurden stundenlang nicht gesehen, was dramatisch ist. Diejenigen, die vom Charakter her extrovertierter sind, wehren sich und läuten die Glocke. Wer den Knopf drückt, fordert Hilfe an. Manche über-

treiben es natürlich auch. Dabei werden die Stillen und Unauffälligen leider übersehen. Vielleicht kennst du auch den Typ Oma, der immer alles gut findet.

Dieser Schlag Mensch ist es, der Pflegerinnen und Pfleger wie die eigenen Enkel betrachtet. Einige Seniorinnen und Senioren neigen dazu, ihren Bezugspersonen eben nicht lästig werden zu wollen, dem überforderten Personal möglichst nicht zur Last zu fallen. In Pflegeheimen finden sich die gleichen Menschentypen, denen man auch auf der Straße begegnet. Sie sind meistens eben nur älter und stärker beeinträchtigt.

Weil du mehr über die Personalstruktur wissen möchtest, fange ich mal beim Heimleiter an. Er ist in erster Linie für das Personal zuständig. In großen Häusern mit beispielsweise über 100 Mitarbeiterinnen und Mitarbeitern gibt es in der Regel auch einen Betriebsrat, der sich um die Belange der Belegschaft kümmert. Du kannst davon ausgehen, dass du in Pflegeheimen meistens genauso viele Mitarbeiter wie Bewohner antriffst: Bei 150 Bewohnern sind noch einmal 150 Kümmerer in fünf Kompetenzfeldern aktiv: Die Küche gehört dazu, die Reinigung ist wichtig und die Wäscherei ebenfalls. Sämtliche Hausarbeiten, Elektrik und Technik müssen im ganzen Haus überwacht werden und das ist eine wirklich große Aufgabe. Und nicht zuletzt werden natürlich die Bewohner betreut. Auch Zusatzangebote vom Tageszentrum, Übergangspflegen und sozialen Diensten obliegen in der Regel dem Heimleiter.

Der Heimleiter als Kopf des Pflegeheims benötigt keine Pflegeausbildung. Er ist ausschließlich für den wirtschaftlichen Ablauf des gesamten Hauses zuständig. Obwohl im Bereich der Küche besondere Hygienekonzepte greifen, die der Heimleiter verantwortet, kümmert sich normalerweise die Pflege darum. Die Pflegedienstleitung wiederum ist für ihren Bereich komplett autark und für alles zuständig, was die Pflege betrifft: Medizinische Versorgung, Transfer zum Arzt, sämtliche Geräte und Hilfsmittel und alles, was die Bewohner sonst noch benötigen. In einigen Häusern wird in der Großküche mehr Essen produziert, als die Bewohner zu sich nehmen können. Dieses wird dann per „Essen auf Rädern" entsprechend in der Region verteilt. Und es ist auch nicht ungewöhnlich, wenn an die Pflegeheime ein Kindergarten angeschlossen ist, der von der aufgebauten Infrastruktur profitiert. Dies hat dann mit der Pflegeabteilung selbst nichts mehr zu tun.

Um nun einmal die Struktur vollständig darzustellen, beginne ich in der Hierarchie eines Pflegeheims an der Basis: Die niedrigste Stufe ist die Haushaltshilfe – und das obwohl sie schon relativ viel können muss. Die Haushalts- oder Heimhilfe, wie die Stelle auch manchmal genannt wird, kümmert sich um das Frühstück. Sie arbeitet relativ viel am Mann bzw. der Frau und darf inzwischen auch viel tun. Sie entlastet die Pflege selbst sehr stark. Es gibt unterschiedliche Ausbildungen für diese Position, die meist oft nur wenige Monate dauern. Um als Heimhilfe zu starten, müssen die Anwärterinnen und Anwärter natürlich kochen und den Haushalt führen können.

Für dich zur Info, Marc: Es gibt Heime, in denen Haushaltshilfen arbeiten, die aber nicht unbedingt benötigt werden. In anderen Heimen wiederum wird auf sie gesetzt, weil sie Arbeiten erledigen können, die in den Pflegebereich eingreifen. Zum Beispiel können Haushaltshilfen Bewohner, die ans Bett gefesselt sind, drehen oder sie auf die Toilette begleiten, wenn der Pflegestatus dies zulässt. Also: In manchen Heimen sind sie nicht wegzudenken, andere benötigen sie nicht. Oft handelt es sich bei den Haushaltshilfen um Halbtagskräfte, die zu Hause Kinder haben. Sie unternehmen etwas mit den Bewohnern, gehen spazieren, stehen für einen kleinen Plausch zur Verfügung.

Den nächsthöheren Rang nach der Heimhilfe bekleidet die Pflegeassistenz. Eine Position, die an eine einjährige Ausbildung geknüpft ist. Über ihr steht die diplomierte Pflegeassistenz. In seltenen Fällen sind zwischen diesen beiden Positionen noch Sozialfacharbeiter angesiedelt, die neben der Pflege in ihrer Ausbildung auch das Fach Gerontologie behandeln, die Wissenschaft, die sich mit dem Prozess des Alterns beschäftigt. Sie erwerben unter anderem Kompetenzen, um zu wissen, wie man mit an Depressionen Erkrankten umgeht und wie man mit Menschen arbeitet, die dement sind.

Außerdem lernen Sozialfacharbeiter den Umgang mit aggressiven Menschen. Diplomierte Pflegeassistenten und -assistentinnen verfügen über die Kompetenz, eine ganze Gruppe zu leiten. Und diese Gruppen werden in Bereiche zusammengefasst, für die die Bereichsleiter verantwortlich sind. Auch hier wird in manchen Heimen gespart. Die Position wird dann auf mehrere Diplomierte aufgeteilt. Die Pflegedienstleiterinnen oder -leiter bilden den Kopf der Pflege in den Heimen.

Es gibt unterschiedliche Stile, nach denen ein Heimleiter die Organisation aufbaut. Diejenigen, die sich die Heimhilfen sparen, lassen zum Beispiel oft die Reinigungskräfte das Frühstück servieren, manchmal decken auch Praktikanten mit auf. Auch am Sekretariat wird nicht selten gespart. Wer auf Sparflamme unterwegs ist, spart sich auch die Bereichsleiter. Mindestens eine diplomierte Pflegeassistenz muss aber per Gesetz zugegen sein. Das alles hängt sehr oft mit dem Budget zusammen, das dem Pflegeheim zur Verfügung steht und das sich aus der Personenanzahl der Bewohner plus deren Pflegegrad zusammensetzt. Je höher die Pflegestufe der Bewohner, desto mehr verdient das Haus.

Himmel hilf, habe ich viel geschrieben. Und trotzdem bin ich dir die dritte Frage schuldig geblieben, Marc. Ich beantworte sie dir in unserem Online-Meeting, das ja schon morgen stattfindet. Denn die Beantwortung hängt ein Stück weit auch mit unserer Anfrage zusammen. So, nun muss ich schnell wieder zurück an die Arbeit. Im Moment geht es bei uns wirklich hoch her. Mehr dazu morgen. Ich wünsche dir einen schönen Nachmittag und sende

herzliche Grüße
Deine Angelika

Die ersten Wochen in London

Zeit für eine kleine Pause. Was kommt dir in den Sinn, wenn du dieses Kapitel auf dich wirken lässt? Worüber denkst du nach? Udo Barth freut sich auf Feedback und Fragen.

autorenclub.de/ub/7

Über den Zugang zur Internetseite des Autors lassen sich die einzelnen Buchkapitel kommentieren. Neben Feedbacks sind auch Fragestellungen möglich, die der Autor per Sprachnachricht oder E-Mail beantworten wird.

Entscheide selbst, ob du Udo Barth persönlich Feedback geben möchtest oder deine Meinung mit der gesamten Leserschaft teilst. Wenn Fragen zur Interaktion mit dem Autor aufkommen, beantwortet unser Verlagsteam diese gerne unter: leserfragen@marianprill-verlag.de

Das Geheimnis des Personalüberschusses

Und dann ist es schließlich soweit: Montag, der 26. April, 13:58 Uhr. Loopster baut problemlos die Verbindung auf. Der Meetingraum ist vorbereitet, es kann losgehen.

Während ich auf Angelika und Herrn Sonntag warte, schießen mir einige Gedanken durch den Kopf. Auch die Frage, wobei sie wohl meine Unterstützung benötigen? Um 13:59 Uhr stellen Angelika Wildt und Frank Sonntag fast synchron ihre Beitrittsanfrage fürs Meeting. Ich bestätige beide der Reihe nach.

„Hallo Marc“, meldet sich Angelika fröhlich und auch Frank Sonntag nickt freundlich in die Kamera.

„Hallo Angelika, hallo Herr Sonntag“, grüße ich zurück.

„Hallo Marc, wir können uns gerne duzen“, schlägt Frank Sonntag vor. Er ist schätzungsweise Anfang 60, hat dichtes, weißes Haar, ein leicht gebräuntes Gesicht, hellblaue Augen und einen offenen Blick.

„Gerne“, sage ich und nicke. Ein positiver Start. „Es freut mich, dass alles so gut geklappt hat. Bevor wir loslegen, habe ich noch eine Frage an dich, Angelika. Wir haben ja in den letzten Tagen viel hin und her geschrieben.“

Angelika lächelt zustimmend. „In der Tat“, bekräftigt sie.

„Eine Sache hätte ich nicht gedacht“, sage ich. „Mir war nicht klar, dass der Bereich der Pflege derartigen gesetzlichen

Einschränkungen unterliegt und dass die Gesetze vorgeben, wie es in einem Pflegeheim abzulaufen hat. Womit ist das zu erklären?"

Angelika schmunzelt. Dann korrigiert sie: „Das Gute ist, dass die Gesetze nicht vorgeben, wie es abzulaufen hat. Was aber richtig ist, dass es einen zeitlichen Rahmen gibt, in dem bestimmte Aufgaben erledigt sein sollten – je nach Person und Pflegestufe. Es gibt Menschen, die sind einfach schwer krank. Es ist klar, dass sie mehr Pflegezeit bekommen als diejenigen, die eine niedrigere Pflegestufe haben. Ich hatte dir in einer der ersten Mails davon berichtet, dass demenzerkrankte Menschen einen hohen Bewegungsdrang haben."

Und während Frank Sonntag Angelikas Aussage wortlos bestätigt, führt sie weiter aus: „Sie bekommen in konventionell geführten Pflegeheimen verhältnismäßig wenig Zeit zugesprochen, obwohl sie diese Zeit dringend benötigen. Allerdings ist dies nur ein Teil der Wahrheit." Die Pflegedienstleiterin strahlt ihren Chef an und erklärt enthusiastisch weiter: „Man kann den Ablauf schon ändern. Und dafür braucht man nicht zwingend mehr Personal einstellen. Ich möchte nicht verschweigen, dass es Unterschiede von Heim zu Heim gibt.

Manche Heimleiter drücken hier und da auch mal ein Auge zu und sagen ihren Mitarbeitern: ‚Dann seid ihr eben erst um 11:00 Uhr fertig.' Solche Statements wirst du nicht unbedingt in der Öffentlichkeit hören oder lesen. Doch wenn einige Bewohner länger schlafen wollen, dann dürfen sie das in der Regel auch. Nur am Rande: Bei der Reinigung des Zimmers wird übrigens auch auf die Uhr geschaut: Dafür sind lediglich sechs Minuten vorgesehen.

Du siehst, die Arbeit im Pflegeheim ist meistens Arbeit im Akkord. Und bis jetzt habe ich persönlich auch nur einen Heimleiter kennengelernt, der das Gesetz einhundertprozentig eingehalten hat. Er war ein Quereinsteiger, der aus dem Pflegeheim das beste

Heim in der Umgebung machen wollte. Dafür hatte er alle Paragrafen auswendig gelernt. Und dann habe ich ein Jahr miterlebt, wie es mit dem Haus kontinuierlich bergab ging. Das zeigt: Gesetze alleine genügen nicht."

„Das klingt heikel", erwidere ich und erinnere mich an die Diskussionen am Flughafen. Dann möchte ich wissen: „Findet man in einer so anspruchsvollen – um nicht zu sagen – schwierigen Arbeitsumgebung überhaupt noch Personal?"

„Das ist eine gute Frage", setzt Frank an. „Du kannst davon ausgehen, dass in 70 Prozent der Heime Personal fehlt."

„Viele Häuser suchen wie verrückt", ergänzt Angelika.

„In der Tat, ihnen läuft das Personal davon", bekräftigt Frank. „Wenn die Unzufriedenheit steigt, dann gehen auch schon mal mehrere Personen in kurzen Abständen und im schlimmsten Fall muss eine Abteilung dann schließen. Das kommt vor, weil die Häuser sich keine Leiharbeiter leisten können. Denn sie kosten wirklich viel Geld."

„Wenn ihr das so erzählt, klingt das für mich danach, als würdet ihr davon nicht betroffen sein", stelle ich erstaunt fest.

„Stimmt genau", sagt Angelika.

„Absolut", pflichtet Frank ihr bei. Beide lächeln zufrieden. Dann zieht der Heimleiter sein Resümee: „Im Gegenteil. Hier im Ort mussten wir vor kurzem zwei Bewerberinnen wegschicken, weil wir optimal besetzt sind und keiner gehen will."

„Das ist wirklich spannend", sage ich und kann die Antwort auf meine nächste Frage kaum abwarten. „Und was macht ihr anders als andere Führungskräfte, die sich bestimmt auch ins Zeug legen?"

„Es war nicht immer so", lüftet Frank Sonntag das Geheimnis. „Als ich das Heim übernommen habe, gab es ebenfalls eine hohe Fluktuation. Auf zwei Leute die gingen, gewannen wir eine neue Mitarbeiterin. Das stellte mich vor riesige Herausforderungen.

Also holte ich mir eine Beraterin ins Haus. Sie riet mir, immer die Personen zu interviewen, die gehen wollten. Und ich folgte ihrem Rat. Ich vermerkte mir die Gründe und erkannte mit der Zeit, dass kommunikative Schwachstellen dafür verantwortlich waren, weswegen ein Teil der Belegschaft regelmäßig das Handtuch warf. Diese Lücken verlangten danach, geschlossen zu werden.

Auch und vor allem der schwachen Dialogbereitschaft meines Vorgängers war es geschuldet, dass das Team nicht an einem Strang zog. Ich hielt es für wichtig, dass wir ein gemeinsames Leitmotiv entwickelten. Denn Menschen, die sich entscheiden, in der Pflege zu arbeiten, haben bestimmte Motive, wenn sie ganz neu dabei sind. Sie haben Ziele und Visionen und wollen etwas bewegen. 90 Prozent derer, die ich daraufhin eingestellt habe, hatten ein Leuchten in den Augen.

Man muss aber eben auch hinschauen. Mir wurde klar, dass wir dieses Leuchten am Leben erhalten mussten, statt das Funkeln zu unterdrücken und auszulöschen. Meinem Vorgänger hat einfach die Begeisterung gefehlt, vermute ich, und auch die Leichtigkeit. Dessen Müdigkeit und Alltagsroutine hat wahrscheinlich das Personal erodiert. Ich wusste nicht wie, doch ich wusste, dass sich etwas ändern musste. Es war an der Zeit, die Dinge neu zu denken.

Und als ich Angelika dann als Pflegedienstleiterin für unser Haus gewann, war ich mir sicher, dass es endlich bergauf gehen würde. Wir erarbeiteten ein Zeitmanagementkonzept, besprachen dies mit unserer Mannschaft und konnten auf der einen Seite Zeit einsparen, um diese Zeit unseren Bewohnerinnen und Bewohnern zu schenken. Dies wiederum führte im ersten Step zu größerer Zufriedenheit auf allen Seiten."

„Das bedeutet nicht, dass jeder machen kann, was er will", ergänzt Angelika. „Es blieb weiterhin streng, denn das muss es auch. Wenn man sich vorstellt, dass die eigene Mutter oder Oma im Heim ist, dann wünscht sich wohl jeder, dass sich ordnungsgemäß um sie gekümmert wird. Es muss alles diszipliniert ablaufen. Denn dies gibt sowohl den Bewohnern als auch der Belegschaft Halt. Durch Personalgespräche haben wir festgestellt, dass Pflegekräfte gerne Mitarbeiter sind.

In der Regel achten sie nicht penibel auf die Uhrzeit, um in den Feierabend zu starten und ihre Freizeit zu genießen. Sie leben den Beruf und empfinden Freude daran, anderen zu helfen. Sie haben große Ambitionen. Nicht jeder will Pflegedienstleiter werden, genauso wie nicht jeder Arzt werden möchte. Viele Menschen sind als Mitarbeiter wirklich glücklich. Und das sollte das Minimum sein, was der Heimleiter, idealerweise mit der Pflegedienstleitung zusammen, erreichen muss. Schaffbar ist das auf jeden Fall. Dann nämlich, wenn das Zeitmanagement stimmt, und ziel- und erfolgsorientiert gearbeitet wird, statt nur auf die Uhr zu schauen und Minuten zu zählen."

Frank Sonntag übernimmt wieder den Gesprächsfaden: „Wenn Pflegedienstleiter und Heimleiter erfolgsorientiert arbeiten oder besser gesagt arbeiten lassen, denn sie sollten delegieren können, dann bringt das den Riesenvorteil mit sich, dass sich ein Team bildet, in dem der eine dem anderen hilft. Die Grundlage dafür heißt Vertrauen. Und das Ziel: Jeden Tag die gleiche Menge an Arbeit mit größtmöglicher Leichtigkeit zu erledigen."

„In dem Moment, in dem der eine mal eine Stunde länger schläft, entlastet das ungemein", fügt Angelika hinzu.

Als ich Angelika und Frank so sprechen sehe, stelle ich mir vor, dass sie auch verheiratet sein könnten. So synchron, wie sie sich vorhin angemeldet haben, so harmonisch überlassen sie sich gegenseitig das Wort.

Angelika richtet ihre Brille und fährt fort: „Wenn man ergebnisorientiert arbeitet, geht es nicht mehr darum, einfach nur Nummern der Reihenfolge nach abzuarbeiten. Statt eins, zwei, drei und vier kann man auch mit Bewohnerin fünf anfangen, dann zu Bewohner sieben übergehen und dann zurück zu Nummer sechs.

Das sollte man erlauben, denn es ist das gleiche Ergebnis und unserer Erfahrung nach sogar ein deutlich besserer Erfolg. Ich bin gelernte Buchhalterin und habe errechnet und getestet, dass sich das Ergebnis um sage und schreibe sieben Prozent verbessern lässt, wenn wir auf diese Art und Weise vorgehen. Genau das tun wir seitdem. Sieben Prozent Zeitersparnis hört sich erst einmal nicht so viel an, hat aber erhebliche Auswirkungen."

In diesem Moment frage ich mich ernsthaft, ob die Optimierung des Zeitmanagements ausreichen soll, um das Personal dauerhaft zu binden: „Wenn ihr einen Personalüberschuss erarbeitet habt, dann doch sicherlich vor allem auch durch eine vergleichsweise bessere Bezahlung, oder?"

Angelika schüttelt den Kopf.

Frank ebenfalls. Der Chef des Pflegeheims erklärt: „Nein, wir bezahlen unseren Mitarbeiterinnen und Mitarbeitern Durchschnittsgehälter und nicht nennenswert mehr als unsere Wettbewerber."

Angelika ergänzt: „Das ist eine ganz spannende Geschichte. In den besten Heimen, in denen ich gearbeitet habe, stand das Finanzielle erst an dritter Stelle. Sowohl in Deutschland als auch in Österreich, wo ich eine kurze Zeit beschäftigt war. Pflegepersonal wechselt also nur bedingt aus finanziellen Gründen. Was aber nicht bedeuten soll, dass wir uns nichts einfallen lassen, um unserer Belegschaft die Wertschätzung entgegenzubringen, die ihr zusteht."

Frank erörtert: „Je nach Betriebszugehörigkeit und Rang wenden wir Sozialleistungen auf, statt die Löhne überdimensioniert anzuheben.“ Dann erklärt er weiter: „Das würde keinen Sinn machen. Schon gar nicht vor dem Hintergrund, dass Geld nicht die Nummer Eins bei der Berufswahl ist.“

Dann relativiert er seine Aussage: „Es gibt natürlich von 100 Prozent ein Fünftel, das dorthin wechselt, wo am meisten verdient wird. Den verbleibenden 80 Prozent ist es wichtiger, sich bei der Arbeit wohl zu fühlen. Es wird vermutlich kaum ein Pflegeheim geben, das weit über den Branchenstandard bezahlt. Die Lohneinstufung erfolgt nach Ausbildung und nach Jahren der Berufszugehörigkeit.“

Und dann lässt Angelika die Katze aus dem Sack: „Wer den Mitarbeitern etwas Tolles anbieten will, schenkt ihnen das Mittagessen, wenn sie 8 oder 12 Stunden arbeiten. Und auch Kaffee und Wasser sollten kostenlos erhältlich sein. Warum? Weil das zu massiven Einsparungen im Sinne der Belegschaft führt. Und selbst wenn es das Essen nicht geschenkt gäbe, sondern zu einem sehr günstigen Preis, zum Beispiel für 2,50 Euro, zeugt auch das von einem Entgegenkommen des Arbeitgebers, was die Belegschaft mit erhöhter Loyalität quittiert. Letztendlich sind es solche Vergünstigungen, die die Mitarbeiterinnen und Mitarbeiter in ihre persönlichen Netzwerke tragen und verbreiten. Diese Zuwendungen sollte jeder Heimleiter berücksichtigen, der das bislang noch nicht macht.

Aus einem einfachen Grund: Zum großen Teil sind es Frauen, die in der Pflege arbeiten. Sie kennen die Preise für Lebensmittel und es ist ein Leichtes für sie, sich die Ersparnisse auszurechnen, wenn kostenlose Verköstigung inklusive ist. Genau betrachtet handelt es sich dabei um eine indirekte Lohnerhöhung. Einer Vollzeitkraft bleiben dadurch bis zu 300 Euro mehr im Monat. Geld, das sie nicht weiter für den eigenen Bedarf ausgeben muss. Solche Maßnahmen werden letztlich nur Heimleiter initiieren, die verstanden haben, dass ein derartiger Mehrwert ein ganz großes Plus bei allen Mitarbeiterinnen und Mitarbeitern bedeutet. Solche Vergünstigungen müssen dann natürlich ausnahmslos der gesamten Belegschaft angeboten werden, die Vollzeit für das Unternehmen rotieren. Und jedem Heimleiter, der darin zunächst einmal einen hohen Kostenfaktor sieht, dem versichern wir, dass das Geld nachhaltiger angelegt ist als in steigende Werbekosten."

„Motivierte Mitarbeiter sind mit dem Herzen bei den alten Menschen und das macht den Unterschied. Sie denken mit und handeln beherzt, statt nur mitzuarbeiten", sagt Angelika, während Frank Sonntag es sich in seinem Sessel bequem gemacht hat und weiter ihren Worten lauscht. „Wir stellen inzwischen nur noch Mitarbeiterinnen und Mitarbeiter ein, die die Rolle als Mitunternehmer ausfüllen können. Das ist nicht wenig verlangt. Unser Erfolgsrezept heißt: Eine sehr gute Kommunikation, gepaart mit dem richtigen Leadership, top ausgebildete Führungskräfte, die sich ständig weiterbilden, ergeben Wohlfühlcharakter und Wir-Gefühl."

Frank geht noch einmal auf den finanziellen Aspekt ein: „Die Rahmenbedingungen sind für alle Pflegeheime gleich. Doch was die Erfolgreichen von den weniger Erfolgreichen unterscheidet: Wir zum Beispiel schaffen es, zusätzliche Gelder zu akquirieren. Wir gehen immer von einem Minus aus, rechtfertigen dies, weil wir einen guten Draht zur Stadt haben, die dafür zuständig ist. Es liegt in meiner Verantwortung, den Mehrbedarf für unser Haus zu aktivieren. Das ist vorausschauend und notwendig.

Und so kommen zusätzlich einige hunderttausend Euro zusammen, um unsere Firma mit zusätzlichem Kapital zu versorgen. Auch dadurch verfügen wir über mehr Personal, das sich leichter halten lässt, auch weil die Stimmung gut ist. Und das alles führt im Ergebnis dazu, dass es den alten Leuten an nichts mangelt. Wenn man hingegen den Status quo akzeptiert und ausschließlich nach den strengen Rahmenbedingungen arbeitet, kommt man mit dem

Geld zwar aus, hat aber konstant Stress und unzufriedene Leute auf allen Seiten. Geld spielt in puncto Erfolg natürlich eine wichtige Rolle."

„Was ich nicht verstehe", werfe ich ein, „wieso haben andere Pflegeheime dann eine so hohe Fluktuation? Sind euch dafür Gründe bekannt? Halten die Mitarbeiter den Stress nicht aus und werden krank?"

„Krankheit gibt es überall, wenn der Stress zu groß wird" stimmt Angelika grundsätzlich zu. „Es hat auch viel mit der Persönlichkeit zu tun, ob die Mitarbeiterinnen und Mitarbeiter den Anforderungen gewachsen sind oder nicht. Ich glaube, im Kern geht es einerseits natürlich darum, Mitarbeiter zu halten, ihnen den Arbeitsplatz so attraktiv wie möglich zu gestalten. Auf der anderen Seite habe ich während meiner Karriere in verschiedenen Berufsstationen festgestellt, dass viele Pflegeheime verpassen, das Potenzial zu nutzen. Es dürfte eigentlich gar nicht erst zu Engpässen kommen.

In der Pflege gibt es an und für sich viele Quereinsteiger, Menschen über 30 oder 40, die in diesem Alter ihre Berufung in der Pflege suchen, weil ihnen sinnstiftende Arbeit wichtig ist. Sie machen als erstes die Ausbildung zu Pflegeassistenten und gehen dann für ihr Praktikum in ein Heim. Das sind potenzielle Mitarbeiter. Sie sind greifbar. Sie muss ich begeistern und fördern, damit sie bei mir anfangen wollen. Doch die Praxis sieht anders aus und die Einsteiger werden sehr schnell eines Besseren belehrt. Nicht mal wegen der pflegebedürftigen Bewohner, um die es dabei eigentlich gehen sollte, sondern wegen des Klimas und des Miteinanders des Personals.

Die Desillusionierung ersetzt die anfängliche Euphorie. Manche werfen nach ihrem ersten Praktikum hin, brechen die Schule ab, weil sie feststellen, dass die Pflegebranche doch nicht so toll ist, wie sie es sich vorgestellt hatten. Statt abgeholt und eingearbeitet zu werden, wird ihnen durch die bereits erwähnten Zeitmanagementprobleme von den Führungskräften viel zu viel zugemutet. Das führt zu Be- und schnell auch zu Überlastung. In nicht wenigen Häusern mangelt es an Führungskompetenz und am Verständnis, wie Personalgewinnung und -entwicklung funktionieren. Es fehlt an Struktur und System.

Mal erledigt ein Ehrenamtler etwas, ein anderes Mal wieder die Sozialfacharbeiterin in Ausbildung, egal wie alt sie ist. Und genau diejenigen, die gefördert werden müssten, bekommen häufig die schwierigsten Betreuungsfälle ab. Das kann äußerst hart werden: Auch weil es heißt, ‚das Alter verstärkt den Charakter'. Nicht jeder alte Mensch ist lieb, nett und freundlich."

„Es fehlt der Regisseur", werfe ich ein.

„Das kann man in vielen Fällen so sagen", stimmt Frank zu. Er berichtet weiter: „An dieser Stelle sind dann wir Heimleiter gefragt. Es liegt ein Stück weit an der Positionierung eines Hauses, sicherzustellen, dass Menschen in Aus- und Weiterbildung die Möglichkeit bekommen, mit anderen mitzugehen und zu lernen. Damit verbessert man das Image. Das theoretische Wissen der Lehrer reicht allein nicht aus. Viele von ihnen haben noch nie in einem Heim gearbeitet. Sie können das Schulische weitergeben, was gut und wichtig ist, doch ohne praktische Anwendung und Hilfestellung wird es schwierig für Einsteiger."

„Ich verstehe, das klingt logisch", sage ich. „Allerdings erschließt sich mir noch nicht, wie sich die Heime aus der misslichen Lage befreien wollen. Es wird kaum möglich sein, einfach einen Hebel umzulegen und plötzlich alles anders zu machen."

„Richtig, das macht keinen Sinn und würde vermutlich zu noch mehr Chaos führen", sagt Frank. Stattdessen sei es seiner Ansicht nach zunächst einmal wichtig, ehrlich mit der Situation umzugehen: „Ich hatte es bereits erwähnt. Als klar war, dass wir uns erneuern müssen, rief ich die letzten zehn Mitarbeiter an, die gegangen sind. Ich wusste, wer den Betrieb auf natürliche Weise verlassen hatte – durch Schwangerschaft oder Pension. Und wollte nun die Gründe derer erfahren, die sich darüber hinaus zurückgezogen hatten. Das Warum ihrer Entscheidung gab mir konkrete Anlässe, Dinge zu überdenken und sie sukzessive zu verbessern."

An dieser Stelle steuert Angelika einen Hinweis bei. Sie nähert sich dem Bildschirm als würde sie ein Geheimnis mit mir teilen wollen und sagt: „Das Warum ist äußerst wichtig. Warum beschwert sich eine Mitarbeiterin? War es berechtigt? Wer beschwert sich noch? Sind Muster erkennbar? Wie lange war die Person in der Firma? Wo häufen sich die Beschwerden? Kommen sie alle von einer Station? Zentrieren sich die Probleme irgendwo oder liegen sie weit auseinander, werden also unabhängig voneinander kommuniziert? Gibt es eine bestimmte Führungskraft in einer Abteilung, die verantwortlich gemacht wird? Wo haben die Mitarbeiter losgelassen? Und welchen Status haben diejenigen, die sich beschweren? Sind es Diplomierte oder Mitarbeiter, die gerade erst begonnen haben und sich nicht wohlfühlen? Und woran liegt das?"

Frank Sonntag zieht Fazit: „Wer diese Zustände ignoriert, öffnet der Personalabwanderung im wahrsten Sinne Tür und Tor. Wer aber genau hinschaut, hat die Gelegenheit, Missstände abzustellen. Dazu gehört auch der Konflikt zwischen Jung und Alt. Wenn heute diplomierte Fachkräfte neu ins Unternehmen kommen, bauen sich bei den älteren Jahrgängen Widerstände auf. Außenstehende nehmen im ersten Moment an, dass die Befugnisse mit der Dauer der betrieblichen Zugehörigkeit steigen.

Doch die Wirklichkeit sieht anders aus: Die alten Hasen müssen, egal wie alt sie sind, ihre Positionen aufgrund gesetzlicher Veränderungen abgeben. Den jungen Menschen, die gerade von der Universität kommen und noch unerfahren sind, wird mehr Kompetenz zugesprochen als denjenigen, die den Beruf seit Jahren und Jahrzehnten ausüben. Dass es mit diesem Setting gewaltig knirscht, liegt in der Natur der Sache. Und es schwelen gleich zwei Probleme in dieser Thematik: Erstens zeigt sich hier der Generationskonflikt, und zweitens entsteht Reibung bei den Kompetenzen.

Vielleicht ein konkretes Beispiel dazu: Eine 25-jährige Absolventin übernimmt die Station einer 50-Jährigen, die seit einem guten Jahrzehnt die Station leitete. Das ist Zündstoff pur, denn das Gesetz gibt derjenigen Recht, die das Diplom in der Tasche hat."

„Das klingt für mich aber ziemlich unlogisch", finde ich. „Wieso dürfen nicht alle alles?"

„Dies wäre außerhalb des erlaubten Rahmens, Marc", antwortet diesmal Frank Sonntag. „Eine Haushaltshilfe zum Beispiel hat ihre Befugnisse. Sie darf den Tisch decken und das Essen servieren. Zum Essenreichen muss man aber eben eine Fachkraft sein. Die Fachkraft darf im Zimmer wiederum nur einiges. Der Gesetzgeber gibt hier schon sehr klar vor, was gestattet ist und was nicht. Das, was Pflegerinnen und Pfleger viele Jahre durften, nämlich eine Station leiten, dürfen sie heute nicht mehr. Auch wenn diese schon 30 Jahre im Geschäft sind, bekommen sie keinen Sonderstatus. Dies bleibt neuerdings den Studierten vorbehalten. Und das kann unter Umständen für Unruhe sorgen. Richten müssen es dann wir Heimleiter und Pflegedienstleiter."

Ich kann mir vorstellen, dass dies nicht nur ein Thema in der Pflege ist, denke ich mir und frage dann Frank: „Wie lässt sich ein solcher Konflikt lösen?"

Frank hat seine gemütliche Position aufgegeben, er setzt eine ernste Miene auf und nähert sich ebenfalls wieder seinem Screen. „Das ist eine gute Frage", sagt er, „über die ich und wir lange nachgedacht haben. Sie ist nicht ganz so einfach zu beantworten, weil wir es hier mit unterschiedlichen Menschentypen und

Führungsstilen zu tun haben. Was jedoch alle eint, ist das Thema Qualität in der Kommunikation. Und zwar unabhängig von der Ausbildung, ob mit Hochschulabschluss oder ohne.

Entscheidend sind zunächst die Persönlichkeiten selbst, sowie deren Sprache und Haltung anderen Menschen gegenüber. Damit einher geht an dieser Stelle häufig auch der Selbstwert, der erheblichen Einfluss auf den Umgang mit anderen hat. Gelingt es einem Heimleiter in einem konservativen Umfeld einen Wertewandel und ein Umdenken anzustoßen, ist damit der Grundstein für eine erfolgreiche Zukunft gelegt. Das bedeutet nicht, möglichst viele Mitarbeiter nach Feierabend da zu behalten, um mit ihnen die Werte zu diskutieren, sondern sich effektive Maßnahmen zu überlegen und diese in den Arbeitsalltag zu integrieren. Also die Frage zu beantworten, wie Jung und Alt miteinander arbeiten und voneinander profitieren können."

„Kannst du das konkretisieren?", möchte ich wissen.

„Nichts leichter als das", antwortet der Heimleiter lächelnd. „Es ist kein Geheimnis, dass junge Menschen in der digitalen Welt deutlich besser zurechtkommen, als die älteren Semester. Was die junge Generation dabei nicht ahnt: Die älteren Menschen hoffen darauf, dass die Jungen auf sie zukommen und sie unterstützen. Diese Hilfe werden sie jedoch nur selten aktiv anfordern, weil sie anders sozialisiert sind.

Und die jungen Leute? Die haben Respekt vor dem Alter und würden es vermutlich anmaßend finden, mit Tipps und Ratschlägen aufzuwarten. Und das Ende vom Lied? Keiner geht auf den anderen zu. Die Jungen fühlen sich vernachlässigt, weil ihnen nichts gezeigt wird und die Älteren fühlen sich in der neuen digitalen Welt einsam und verloren, weil sie mit der Technik nicht mehr zurecht kommen. Damit sind Konflikte vorprogrammiert, die sich leicht lösen lassen, wenn man sie identifiziert hat. Das sind Missverständnisse zwischen den Generationen.

Das ist nicht nur in unserer Branche so. Früher haben sich die jungen Menschen vor den älteren verneigt. Heute sind sie viel selbstbewusster, was das ältere Semester nicht gerade gutheißt und argwöhnisch beäugt. Doch nur wenn sich beide Seiten annähern, Interesse aneinander und Verständnis füreinander zeigen, entstehen gute Teams, die unseren Bewohnerinnen und Bewohnern geben, was diese wirklich benötigen. Den Jungen muss behutsam gezeigt werden, dass die Persönlichkeit nicht unbedingt mit dem Diplom wächst.

Es ist wie im echten Leben: Die Schule bereitet dich nicht auf die Wirklichkeit vor, Theorie und Praxis unterscheiden sich eminent. Und weil es notwendig ist, die Verantwortung auch tragen zu können, die den jungen Führungskräften zugesprochen wird, haben Personalverantwortliche vor allem in der Pflege und sicherlich auch anderswo die Aufgabe, einen Kulturwandel anzustoßen. Es ist eine enorme Verantwortung, zum Beispiel Bereichsleiterin zu sein. Junge Leute haben kein Problem damit, Kurse zu absolvieren, weil sie schulisch fit und taff sind. Auf der anderen Seite fehlt ihnen die Erfahrung. Diese wiederum bringen die Mitarbeiter mit, die schon lange im Unternehmen sind.

Weshalb sollten sich junge Führungskräfte und alteingesessene Mitarbeiter in der Konsequenz also nicht zusammentun? Es ist keine Schwäche, Unterstützung anzufordern, ganz im Gegenteil. Nur so lässt sich die maßlose Überforderung in den Griff bekommen. Und so kann auch die eigene Persönlichkeit weiter wachsen – bei ‚Jung und Alt‘.“

„Ich kann mir ehrlich gesagt noch nicht so richtig vorstellen, wie sich das angesichts der knapp bemessenen Zeit im Betrieb umsetzen lassen soll“, gebe ich zu bedenken.

Frank Sonntag ruft mir noch einmal seine frühere Beraterin ins Gedächtnis, die ihm dabei geholfen hat, Strategien für die vielschichtige Bewältigung der Aufgaben zu entwickeln: „Daniela und ich haben 15 Punkte erarbeitet, die sehr einfach umzusetzen sind. Sie sprach häufig von einem ‚Social-Training'. Anfangs war ich skeptisch. Denn immer wieder erwähnte sie die Einfachheit ihres Konzepts.

Ehrlich gesagt, dachte ich mir, wenn es so einfach ist, wieso setzen es dann nicht andere schon längst um? Doch sie hat mich von ihrem Ansatz überzeugt: Sie wies mich darauf hin, dass es bei der Betreuung der Bewohner nicht unbedingt darum ginge, zu wissen, wer dement ist und wer körperlich beeinträchtigt, da sich Gruppen immer sensorisch aktivieren lassen. Das bedeutet, wenn du möglichst viele unterschiedliche Menschen an einen Tisch setzt, es können auch Blinde dabei sein, gesunde Menschen, Kinder, Schüler und so weiter, dann werden sie beginnen untereinander und miteinander zu sprechen.

Dies geschieht ohne großes Zutun. Und genau dies ist gewünscht. Es wird kein Thema mehr sein, wie alt die anderen sind, woher sie kommen, ob sie zur Gruppe passen oder welche Kompetenz sie haben. Bei solchen Zusammentreffen werden die Regeln stark verringert. Und wenn weitere Personen hinzukommen, wird dies der Gruppendynamik neuen Schwung geben."

Das klingt plausibel, finde ich. Und als großer Fan einfacher Lösungen gefällt mir dieser Ansatz. „Danke für den umfangreichen Einblick in eure Branche", sage ich und zeige den beiden meinen Daumen. „Ich habe nun viel über die Pflege und die Herausforderungen der Branche gelernt", fasse ich zusammen und erinnere meine Gesprächspartner an Angelikas erste Mail, in der sie Unterstützung anfragte. „Nach den Informationen, die ich von euch bekommen habe, seid ihr doch aber sehr gut aufgestellt, oder? Wie könnte ich euch weiterhelfen?"

Angelika lächelt und Frank erklärt: „Wir ziehen in Betracht in einer großen Stadt ein intelligentes Pflegeheimkonzept umzusetzen. Wir sind uns noch nicht sicher, ob es Berlin werden wird oder

Hamburg. Berlin liegt näher an unserem Standort in Leipzig und wäre für den Aufbau sicherlich sehr geeignet. In Hamburg wiederum ist das Baugrundstück äußerst attraktiv. Das soll hier aber erst einmal zweitrangig sein. Da wir in beiden Städten noch nicht sonderlich gut vernetzt sind, erwägen wir, mit der Entscheidung für den Standort schon im Vorfeld eine Gefolgschaft aufzubauen und dafür nicht mehr auszugeben als unbedingt erforderlich. Angelika erzählte mir davon, dass du einem Handwerksmeister Tipps und Hinweise gegeben hast, wie er Zugang zu neuen Mitarbeitern finden könnte.

Das hat sich vielversprechend angehört. Außerdem weiß ich inzwischen auch, dass du bestens vernetzt bist und dich in den sozialen Medien gut auskennst. Ich muss sagen, Angelika hat nicht zu viel versprochen. Wir möchten unser Konzept in die Welt bringen. Erzählen können wir und auch an Ideen mangelt es uns nicht. Für uns ist es wichtig, potenzielle Mitarbeiterinnen und Mitarbeiter aus dem Bereich der Pflege auf uns aufmerksam zu machen, bevor wir den neuen Standort eröffnen. Der Netzwerkaufbau braucht Vorlaufzeit. Ist dies erledigt, können wir über die neuen Verbindungen auch neue Bewohner für uns gewinnen. Das Ganze ist uns eine Herzensangelegenheit. Hast du Interesse, uns dabei unterstützen?“

Ohne zu zögern antworte ich: „Mit Sicherheit. Ihr bringt gute Voraussetzungen mit, weil ihr offen und innovativ seid, kommunikativ ja sowieso. Und weil mir gefällt, wie ihr arbeitet.“

Frank lächelt zufrieden und antwortet: „Auch ich möchte dir eine positive Rückmeldung geben: Du hast gute Fragen gestellt, was mir zeigt, dass du an diesem Thema interessiert bist. In den nächsten Wochen wird unsere Entscheidung fallen, in welcher Stadt wir starten. Und dann können wir die Gespräche vertiefen. Was hältst du davon?“

Damit bin ich einverstanden: „Sehr gerne, Frank.“

„Das freut mich“, sagt Frank und wendet sich Angelika zu: „Würdest du für Marc noch die wesentlichen Informationen zusammenfassen und sie ihm schicken?“

Während Angelika ihre Bereitschaft signalisiert, weiht mich Frank in seine Pläne ein: „Wir haben schon einiges vorbereitet, womit wir die neuen Mitarbeiterinnen und Mitarbeiter gewinnen wollen. Wenn du auf unser Konzept schaust, dann kannst du uns mitteilen, ob sich dies in den sozialen Medien so umsetzen lässt. Über deine Honorierung sprechen wir dann persönlich, wenn du aus London zurück bist, einverstanden?“

„Einverstanden“, sage ich.

„Für deine Anreise, Kost und Logis kommen wir selbstverständlich auf“, fügt Frank Sonntag noch hinzu. Dann schaut er auf die Uhr. „14:55 Uhr. Perfektes Timing. Ich darf mich verabschieden, Marc. Unser Gespräch hat mir Spaß gemacht. Danke für deine Zeit.“

Auch Angelika bedankt sich für unseren Call und ich verabschiede mich bei den beiden: „Auch mir hat es Spaß gemacht. Danke noch einmal für den Einblick in die Pflege und euer Interesse an einer Zusammenarbeit. Ich schaue mir eure Unterlagen an und melde mich, sobald ich damit fertig bin. Einen schönen Tag euch.“

Wir winken uns ein letztes Mal zu, dann beende ich den Loopster-Call und widme mich wieder dem Tagesgeschäft. Für heute stehen noch zwei Stunden Programmierung an. Dann ist Feierabend und Erholung angesagt.

Das Geheimnis des Personalüberschusses

Zeit für eine kleine Pause. Was kommt dir in den Sinn, wenn du dieses Kapitel auf dich wirken lässt? Worüber denkst du nach? Udo Barth freut sich auf Feedback und Fragen.

autorenclub.de/ub/8

Über den Zugang zur Internetseite des Autors lassen sich die einzelnen Buchkapitel kommentieren. Neben Feedbacks sind auch Fragestellungen möglich, die der Autor per Sprachnachricht oder E-Mail beantworten wird.

Entscheide selbst, ob du Udo Barth persönlich Feedback geben möchtest oder deine Meinung mit der gesamten Leserschaft teilst. Wenn Fragen zur Interaktion mit dem Autor aufkommen, beantwortet unser Verlagsteam diese gerne unter: leserfragen@marianprill-verlag.de

Wie ein Schreinerei-Betrieb zum Investor wurde – Die Zweite

Am 7. Oktober schrillt morgens um 8:00 Uhr mein Telefon. Ich habe gestern Abend wohl vergessen es auszuschalten. Sebastian Kammnagel ist am Apparat und völlig aus dem Häuschen: „Schalte die Kampagne ab, Marc. Schalte sie ab. Ich habe gestern fünf neue Mitarbeiter eingestellt und sieben weitere könnten noch folgen."

Schlaftrunken frage ich: „Ist das gut?"

„Das ist der Hammer" ruft Sebastian in den Hörer, seine Freude ist unüberhörbar. Wie es dazu kam? Dazu müssen wir den Kalender einige Wochen zurückblättern.

Am 30.08. landet mein Flieger um 09:30 Uhr nach einem knapp zweistündigen Direktflug aus London in München. Die Heimat hat mich wieder. Sechs Monate England sind vorbei. Ich habe so viel gesehen und erlebt, dass ich damit ein Buch füllen könnte. Leider nicht nur Gutes: Ausgerechnet an meinem Geburtstag im Juni wurde mir in einem Café mein Portemonnaie gestohlen.

Ich hatte Thomas, Brittany und Joey zu einem Eis eingeladen. Doch ich hatte keine Chance mehr, mein Geld an die freundliche Kellnerin zu übergeben: Ein dreister Dieb griff es sich, ohne dass ich dies bemerkte. Er tarnte sich als Tourist, breitete seine Karte über unserem Tisch aus und fragte nach einer Sehenswürdigkeit. Nachdem ich ihm half, sich zurecht zu finden, faltete er seine Karte zusammen und hob damit auch mein Portemonnaie vom Tisch.

„Ein übler Trick, der immer mal wieder angewendet wird, wenn man nicht aufpasst", kommentierte der Polizist, der meine

Anzeige gegen den Unbekannten entgegennahm. Glück im Unglück: Ich hatte nicht übermäßig viel Bargeld dabei und meine Freunde übernahmen die Rechnung. Zwar bewahrte ich meine Bankkarte zuhause auf, doch der Aufwand, die Papiere zurück zu bekommen, war nicht unerheblich. Das wird mir bestimmt kein zweites Mal passieren.

Ich muss zugeben, dass ich mich freue, jetzt wieder zuhause zu sein. Als ich die Haustür in der Theresienstraße öffne, sehe ich, dass unser Briefkasten überquillt. Das wundert mich, denn Lina und Andi, meine beiden anderen Mitbewohner, sind in dieser Sache recht ordentlich.

Als ich die Wohnung betrete, steht die Luft und zwei Zettel weisen darauf hin, dass Lina bis zum Ende der Semesterferien auf Gran Canaria bei ihrem Vater zu Besuch ist. Und Andi hat sich für eine Backpacker-Tour in Asien entschieden. Beide hatten meine Rückkehr offenbar einen Monat früher erwartet. Wie dem auch sei. Ich freue mich auf eine entspannte Zeit zuhause. Als ich die Post sichte, fällt mir der Brief von Sebastian Kammnagel in die Hände. Von E-Mails hält er also immer noch nichts. Sebastian schreibt:

Hallo Marc,

danke für den Kontakt zu den Storyrecruitern. Und danke auch für deine Notizen, die du mir bei der Verabschiedung am Flughafen mitgegeben hast. Ohne sie hätte ich die Infos wohl nicht mehr zusammenbekommen. Ich erzählte zunächst meiner Frau und dann unserem Team von unserer Begegnung. Alle waren davon angetan und wir entschieden, diesen neuen Weg der Personalgewinnung zu gehen. Also nahmen wir Kontakt zu deiner Tante auf. Ich telefonierte mit ihr und als wir merkten, dass es passt, begannen wir damit, einen gemeinsamen Plan zu erstellen, den wir im Laufe der letzten Wochen ausgearbeitet haben. Und jetzt am 12. September wird das Filmteam zu uns in den Betrieb kommen, um die ersten Aufnahmen zu produzieren. Wenn ich es mir richtig gemerkt habe, bist du im August schon wieder zurück in

München. Deshalb möchte ich dich gerne einladen, beim Filmdreh mit dabei zu sein. Schließlich wäre es ohne dich gar nicht erst soweit gekommen. Hast du Lust? Nach dem Dreh gibt es leckeres Essen und gemütliches Zusammensitzen. Ich würde mich sehr freuen, wenn du Zeit hast und dabei bist.

Beste Grüße Sebastian

Knapp zwei Wochen später ist es dann soweit: Vor dem Firmengrundstück von „Kammnagel und Söhne“ kommt morgens um 9:00 Uhr ein schwarzer Transporter zum Halten. Der Fahrer steigt aus und begrüßt das Handwerker-Team. Dann öffnet er die Seitentür und beginnt damit, das Film-Equipment auszuladen. Unterstützt wird er von den Filmleuten, die mit einem Kombi anreisen.

Auch meine Tante ist am Ort des Geschehens eingetroffen. Sie begrüßt zunächst Sebastian und seine Frau und dann jeden Einzelnen des Teams mit Handschlag. „Na Marc, wie war London?“, fragt sie mich dann.

„Super, viel erlebt“, sage ich und freue mich, meine Tante mal wiederzusehen. Obwohl wir in der gleichen Stadt wohnen, begegnen wir uns nur auf Familienfesten oder wenn ab und zu mal ein Job zu erledigen ist. Scheinwerfer und Gestänge, Koffer, Kabel und Kameras stapeln sich in der Einfahrt. Umso mehr Material das Innere des Lieferwagens verlässt, desto stärker steigt offenbar die Aufregung bei den Handwerkern. Einer von ihnen raucht eine Zigarette nach der anderen, zwei jüngere Mitarbeiter albern herum. Und Sebastian reibt sich erwartungsfroh die Hände, während seine Frau Kaffee und Tee in die Becher gießt.

„Genauso habe ich mir ein Familienunternehmen vorgestellt“, sage ich zu Sebastian, der mir daraufhin eine Überraschung in Aussicht stellt: „Warst du schon hinten auf dem Grundstück?“

Ich schüttle den Kopf.

„Du wirst Augen machen", sagt er und bittet mich, ihm zu folgen. Wir laufen an einem meterlangen Holzlager vorbei, an überdachten Schränken und Wandelementen und biegen dann um die Ecke. Und was sehe ich? Das Gerippe eines Tiny Houses. „Insgesamt 80 Quadratmeter, verteilt auf zwei Stockwerken, fürs Erste etwa 15 Tonnen schwer", kommentiert Sebastian stolz. Ich komme aus dem Staunen nicht heraus. Dieser Teufelskerl! Er hat mit der Installation nicht nur den Anfang gemacht, er hat sich selbst übertroffen.

Was mich mindestens genauso wundert: Auf dem Grundstück herrscht buntes Treiben. Eine Horde Jugendlicher tollt auf der Rasenfläche umher. Einige schauen sich die Holzkonstruktion an, andere spielen Fußball.

„Wie lange habt Ihr für den Bau gebraucht?", frage ich ungläubig.

„Es waren schon ein paar Wochen. Wir haben Sonderschichten geschoben", lautet Sebastians Antwort, während er den jungen Leuten zuwinkt. „Das bedeutet, neben dem Tagesgeschäft hat jeder von uns noch zusätzlich am Prototypen gewerkelt. Meine Männer wissen schon lange, dass ich das mit den Tiny Houses machen will. Als ich ihnen erzählte, dass ich mir vorstelle, für die Mitarbeiterwerbung ein 3D-Modell entwerfen zu lassen, fragte mich einer, ob es denn nicht besser wäre, dem Filmteam gleich etwas Handfestes zu präsentieren. Ich fand den Einwand gerechtfertigt, gab aber auch zu bedenken, dass uns das ganz schön Energie abverlangen würde. Doch auch die anderen waren dafür, zumindest die Basis zu bauen. Ich wurde also überstimmt, kannst du dir das vorstellen, Marc?", sagt Sebastian und lacht. „Die Zeit war reif", fasst er zusammen. „Und so schmiedeten wir Pläne und legten auf unser ohnehin hohes Pensum noch einiges drauf."

„Deine Mitarbeiter mögen dich, das ist ganz offensichtlich", stelle ich fest während mir der Ball vor die Füße rollt. Ich kicke ihn zurück auf die Rasenfläche. „Und was machen die Jungs und Mädels hier?", möchte ich wissen.

„Dafür bin ich verantwortlich", antwortet Sebastians Frau hinter uns und ergänzt: „Ich habe Sebastian gesagt, wozu bin ich in der Klassenpflegschaft? Ich sprach mit Lehrern und Eltern, erklärte ihnen, dass das, was wir hier vorhaben, sich positiv für alle Beteiligten auswirken kann. Und das erste Ergebnis tummelt sich hier gerade auf unserem Rasen."

„Ja, deine Tante hielt es ebenfalls für eine gute Idee, die Zielgruppe selbst auch mit im Film zu zeigen", erörtert Sebastian. „Wir haben von allen Eltern die Einverständniserklärung, dass ihre Kinder im Film zu sehen sein dürfen", versichert er. „Auch dazu hat uns deine Tante geraten."

„Das wäre meine nächste Frage gewesen", sage ich und berichte davon, dass ich mich nach unserem Treffen am Flughafen über Tiny Houses informiert habe. „Es handelt sich inzwischen um einen Megatrend. Deshalb denke ich, dass du alles richtig gemacht hast. Schon deshalb, weil du wahnsinnig überzeugt von dem bist, was du hier machst. Ich möchte dir dennoch einen Tipp mit auf den Weg geben, für den Fall, dass dir die Ergebnisse gefallen, die deine Kampagne hervorruft und du dich entscheidest, weitere Kampagnen zu starten: Es ist nicht unbedingt notwendig für Werbung in den sozialen Medien über das Ziel hinauszuschießen. Überdimensional viele Mittel einzusetzen kann auch mal nach hinten losgehen, wenn eine Kampagne nicht fruchtet. Und das kann passieren. In diesem Fall glaube ich das nicht, generell kann so etwas aber vorkommen. Für diese Zwecke ist weniger manchmal mehr."

Sebastian lacht: „Das hat mir deine Tante auch gesagt und ich habe das auch absolut registriert. Ich glaube es war der brennende Wunsch, dieses Projekt hier und jetzt zu starten. Und es dabei gleich richtig zu machen. Wir haben besprochen, dass der Film in einer abgewandelten Variante auch auf unserer Webseite als Imagefilm zu sehen sein wird. Außerdem wollen wir ihn auf speziellen Endgeräten zu Weihnachten an unsere Premiumkunden senden, um ihnen zu zeigen, dass wir uns auch gerne engagieren."

„Ich sehe, ihr habt an alles gedacht", sage ich. Meine Tante klopft mir im Vorbeigehen auf die Schulter und sagt: „Na Marc, besprichst du dich schon mit deinem Kunden?"

Ich schaue erst sie und dann Sebastian fragend an.

Sebastian sagt: „Deine Tante meint, du seist unschlagbar im Aussteuern der Kampagnen. Unterstützt du uns?"

„Das ist mal wieder typisch für sie", denke ich mir und antworte, „Nur, wenn ich die erste Nacht im Tiny House übernachten darf, wenn es fertig ist."

„Hand drauf?", fragt Sebastian.

„Hand drauf", sage ich. Das Filmteam ist mit der Einrichtung des Sets fertig.

„Alle auf ihre Plätze, so wie wir es letzte Woche besprochen haben", ruft meine Tante und klatscht in die Hände.

Sechs Stunden später ist alles im Kasten. Jeder Mitarbeiter aus dem Team kam zu Wort und zeigte vor laufender Kamera die eigenen Fähigkeiten. Die Jugendlichen erzählten, worauf sie sich bei diesem Projekt besonders freuen. Auch die Schule zeigt sich offen: Es soll eine Schulprojektgruppe geben, die regelmäßig auf dem Grundstück zu Gast sein wird, um hier den Technikunterricht anschaulich durchzuführen. Ein lokales Finanzinstitut hat Unterstützung angekündigt und stellt finanzielle Mittel für die Gründung des Schüler-Start-ups zur Verfügung, das sich in den nächsten Wochen gründen wird.

Und Sebastian erzählte mir, dass sich auch schon die Zeitung und ein lokaler Fernsehsender angemeldet hätten, um über das Projekt zu berichten. Es kommt richtig Schwung in die Sache. Keine Woche nach dem Dreh liegen mir die ersten Inhalte vor: Videoclips, ein Making-of und Bildmaterial. Durch die teilnehmenden Schülerinnen und Schüler auf der einen Seite und die Mitarbeiter auf der anderen, haben wir ein sehr genaues Bild von der Zielgruppe vor Augen, die wir ansprechen wollen. Sebastian und ich entscheiden uns dafür, die Kampagne stark regional zu begrenzen, dafür aber unterschiedliche Interessensbereiche abzuklopfen, um zu sehen, wer aus den sozialen Medien auf unsere Kampagne reagiert.

Es gibt viele Stellschrauben, wenn es um die Aussteuerung von Kampagnen geht. Nicht immer deckt sich die persönliche Vorstellung mit den Ergebnissen, die die Algorithmen produzieren. Man muss ein bisschen um die Ecke denken können. Eine angemessene Bildsprache ist eines von vielen Kriterien. Auch die Texte sollten nicht allzu stark von den Sprachmustern und -gewohnheiten der Zielgruppe abweichen. Eine Schülerin, die beim Dreh mit dabei war, hat angeboten, Texte zu verfassen. Und die sind ihr gut gelungen, wie sich im A/B-Splittest herausstellte.

Nach einigen Überlegungen und zahlreichen Vorbereitungen schalten wir zwei Wochen nach Drehbeginn die vorerst finale Version der ersten Personalgewinnungskampagne von „Kammnagel und Söhne“ auf einem der populärsten Social-Media-Kanäle frei. Für die Testphase benötigten wir ein dreistelliges Werbebudget. Kaum, dass es auf vierstellig wechselte, scheint das Ziel mit einem Mal erreicht zu sein.

Mein Telefon klingelt eines Morgens und Sebastian ruft in den Hörer: „Schalte die Kampagne ab, Marc. Schalte sie ab. Ich habe gestern fünf neue Mitarbeiter eingestellt und sieben weitere könnten folgen.“

Wie ein Schreinerei-Betrieb zum Investor wurde – Die Zweite

Zeit für eine kleine Pause. Was kommt dir in den Sinn, wenn du dieses Kapitel auf dich wirken lässt? Worüber denkst du nach? Udo Barth freut sich auf Feedback und Fragen.

autorenclub.de/ub/9

Über den Zugang zur Internetseite des Autors lassen sich die einzelnen Buchkapitel kommentieren. Neben Feedbacks sind auch Fragestellungen möglich, die der Autor per Sprachnachricht oder E-Mail beantworten wird.

Entscheide selbst, ob du Udo Barth persönlich Feedback geben möchtest oder deine Meinung mit der gesamten Leserschaft teilst. Wenn Fragen zur Interaktion mit dem Autor aufkommen, beantwortet unser Verlagsteam diese gerne unter: leserfragen@marianprill-verlag.de

Autoren Club
hend Texte schreiben

Projekt „Intelligentes Pflegeheim“: Der beste Chef werden

Auch Angelika Wildt hat sich wieder gemeldet. Ich sichte gerade ihre Unterlagen. Nach dem Loopster-Call schrieb sie mir:

Lieber Marc, vielen Dank für das tolle Gespräch. Frank Sonntag schwärmt in einer Tour von dir.

Ich fasse dir noch einmal kurz zusammen, wie wir denken und was die Menschen an unserem künftigen Standort über uns wissen müssen. Ich schreibe es einfach mal runter, auch wenn wir die einzelnen Punkte bestimmt noch einmal besprechen müssen. Grundsätzlich sollen unsere künftigen Mitarbeiter folgendes mitnehmen, wenn sie über Social Media von uns erfahren:

a) Wir wissen durch unsere Arbeit in der Pflege, dass sich Pflegekräfte ihren Arbeitgeber im Prinzip aussuchen können. Dabei spielt ihre Qualifikation keine Rolle.

Das bedeutet für die Arbeitgeber: Wenn ein Haus nicht richtig handelt, gehen die Mitarbeiterinnen und Mitarbeiter. Das ist unsere Chance: Denn wir wollen Magnetwirkung erzeugen. Heutzutage sind auch die Pflegekräfte stark miteinander vernetzt. Und worüber sprechen sie, wenn sie etwas stört? Na klar, über den Chef.

Wenn also eine Fachkraft aus Pflegeheim X, in dem es nicht so gut läuft, mit einer Fachkraft aus Pflegeheim Y spricht, in dem alles harmonisch verläuft, dann ist es nur eine Frage der Zeit bis die Frage gestellt wird: ‚Und, wie ist dein Chef so?‘

Macht es Sinn, dass jeder Chef ein guter Chef ist?
Absolut!

b) Doch was macht einen guten Chef eigentlich aus? Sollte er sich mit der Belegschaft solidarisieren? Packt er mit an und hilft im Alltagsgeschehen, wo er kann?

Um Himmels Willen, auf keinen Fall. Es gibt Führungsspitzen, die mithelfen, die operative Arbeit zu erledigen, um Personaleinsparungen zu kompensieren. Doch was nützt es der Belegschaft, wenn man sich mit dem Chef gut unterhalten kann, doch dessen schwacher Führungsstil das Haus in finanzielle Nöte bringt? Das hat mit einem guten Chef nichts zu tun.

Ein Heimleiter muss wissen, welche Rolle er einnimmt. Er sollte seinem Team Halt geben. Mitarbeiter brauchen Halt und niemanden, der ihnen in der Personalnot nach dem Mund redet und ihnen pausenlos Recht gibt. Ein guter Chef ist einfühlsam und charismatisch. Er hat die Lage im Griff und gibt sich ungestresst und optimistisch. Ein guter Chef repräsentiert das Haus, zeigt, was zu erreichen ist und glänzt in seiner Rolle als Vorbild. Außerdem nimmt er sich Zeit für seine Mitarbeiter, denn er schätzt sie. Sie sind sein wichtigstes Kapital.

Ein guter Chef wird auch nicht alles durchgehen lassen und sich eine bestimmte Strenge bewahren. Die Mitarbeiterinnen und Mitarbeiter wollen Stabilität und Freude. Freude bedeutet nicht bedingungslosen Spaß. Ganz klar: Die Arbeit im Pflegeheim ist kein Spaß. Aber sie sollte erfüllend sein, die Belegschaft muss den Sinn der Arbeit erkennen und sollte Freude und Stolz über das Geleistete empfinden.

Ein guter Chef ist auch immer ein guter Geschäftsmann. Er sollte kommunikativ nach innen und außen sein. Wenn das Geld knapp ist, und das ist es immer, sollte er einen guten Draht zu Städten und Gemeinden haben und Mittel akquirieren können. Man muss Beziehungen haben, denn man bekommt die Extraportion Pflege vom Staat nicht bezahlt.

Man kämpft also gegen große Institutionen, um den Menschen ein bisschen mehr zu geben als gesetzlich vorgeschrieben ist. Die firmenpolitischen Interessen nach außen vertreten und nach innen ein starkes Team schmieden – das ist die Basis für ein erfolgreiches Haus. Sonst sind Stress und Sorge das

Ergebnis. Die Unzufriedenheit steigt und die Mitarbeiter gehen. Das lässt sich vermeiden und das sollte vermieden werden.

c) Pflegeheime, die mehr schlecht als recht arbeiten und knapp über die Runden kommen, haben oft gerade so viel Personal, wie es notwendig ist. Sie überbrücken die Tiefs mit Überstunden und bauen diese dann zu gegebener Zeit wieder ab, was oft schwierig ist und erneut zu Stress bei den Kolleginnen und Kollegen führen kann. Ein Heimleiter eines Durchschnittshauses bleibt in der Mittelmäßigkeit gefangen und das wirkt sich auch auf die Personalentscheidungen aus. Er wird es sich in der Not nicht erlauben, Bewerber abzulehnen, selbst wenn diese unzureichend qualifiziert sind.

Unter normalen Umständen würde er die Person nicht mit ins Team nehmen. Doch weil gerade Not am Mann ist und jede Entlastung dankend angenommen wird, besetzt der oder die Verantwortliche die Stelle mit der falschen Person. Diese Handlung gleicht dem provisorischen Flicken von kaputten Schuhen. An schwierigen Stellen wird gekittet. Doch es ist nur eine Frage der Zeit, bis es wieder einreißt.

Wir glauben, dass viele, die so handeln wie beschrieben, weitere Kündigungen von guten Mitarbeitern provozieren, die sonst nicht gegangen wären.

Du siehst, Marc, Personaleinstellungen in der Pflege sind auch immer strategische Entscheidungen, die sich auf die bestehende Mannschaft auswirken können. Und manchmal kündigen die Neuzugänge selbst. Sie geben auf, weil sie spüren, dass sie nicht zum Pflegeheim passen. Dann heißt es für die Geschäftsführung: „Außer Spesen nichts gewesen.“

d) Uns ist wichtig, dass bei der Kommunikation in den sozialen Medien auch unser Mindset und unser Anspruch an uns selbst deutlich herausgestellt wird. Manche Führungskräfte im Pflegebereich sind zufrieden, wenn es einigermaßen läuft. Sie denken sich, dass sie damit schon viel besser als der Durchschnitt sind. Und darauf ruhen sie sich aus. Sie verzichten auf die Extrameile, weil sie glauben, das Bestmögliche bereits erreicht zu haben. Mit dieser Haltung ist man limitiert.

Wer die Grenzen des Möglichen zu tief ansetzt, wird immer nur zweit- oder schlimmstenfalls drittklassiges Personal beschäftigen. Ist das schlimm? Ja, auf jeden Fall. Denn das Personal trägt die Verantwortung für die Bewohnerinnen und Bewohner des Heims. Mit unserem intelligenten Pflegeheimkonzept soll die Messlatte regelmäßig höher gelegt werden. Wenn wir Pflegekräfte einstellen, dann können diese lange darauf warten, dass wir sie bremsen. Im Gegenteil: Wir werden sie motivieren, immer besser zu werden und nicht davor zurückschrecken, ihnen Weiterbildungen zu finanzieren. Das halten wir bis jetzt so. Und das wird auch am neuen Standort der Fall sein.

e) Wir sind darauf gekommen, Stationsteams zu gründen. Was hat es damit auf sich? Mitarbeitende, die sich in einem Team nicht wohl fühlen, können innerhalb des Hauses in ein anderes Team wechseln. Somit brauchen sie das Unternehmen nicht zu verlassen. Damit bietet man unzufriedenen Mitarbeitern eine echte Alternative an, wenn es in einem Team gerade nicht passt. Verschiedene Teams, verschiedene Optionen. Somit bleibt das Haus der Gewinner. Apropos Gewinner. Wir denken auch über eine Art Pflege-Award nach, eine Branchenauszeichnung für Mitarbeitende für Wertschätzung auf höchstem Niveau.

In unserer Zusammenarbeit haben Frank und ich festgestellt, dass wir beide in der Pflege so ziemlich alles erlebt haben, was man nur erleben kann. Ich selbst habe bestimmt schon mit über 1000 Menschen zusammengearbeitet. Und es waren nicht nur schöne Erfahrungen dabei. Ich bin gedemütigt, gemobbt und ausgelacht worden, weil ich mir Gedanken gemacht habe, wie sich die Arbeit des Pflegepersonals und die Umstände für die Bewohner verbessern ließen. Ich habe mich nie mit dem Status quo zufrieden gegeben. Und Frank ist mehr als einmal entlassen worden, weil auch er ein Exot in der Branche ist, der die Dinge regelmäßig hinterfragt. Ich glaube, wir sind Antreiber. Und das müssen wir bei der Personalgewinnung über die sozialen Medien transportieren. Dafür benötigen wir deine Unterstützung. Ich melde mich bei dir zurück, sobald sich absehen lässt, in welcher Stadt wir mit unserem intelligenten Pflegeheim starten. Bis dahin wünsche ich dir viel Spaß und Erfolg bei deinen Projekten.

Herzliche Grüße (auch von Frank)
Angelika

Und jetzt ist es soweit. Die Standortfrage ist entschieden, hat Angelika mir geschrieben. Die Wahl ist auf Berlin gefallen. Hier soll das intelligente Pflegeheim entstehen, das mit seinen Vorzügen die Pflege regelrecht revolutionieren wird. Ich habe einen ersten Einblick bekommen, was Frank Sonntag und Angelika Wildt auf die Beine stellen wollen und ich bin beeindruckt. Wenn umgesetzt wird, was in den Plänen steht, freue ich mich schon auf das Älterwerden.

Projekt „Intelligentes Pflegeheim“: Der beste Chef werden

Zeit für eine kleine Pause. Was kommt dir in den Sinn, wenn du dieses Kapitel auf dich wirken lässt? Worüber denkst du nach? Udo Barth freut sich auf Feedback und Fragen.

autorenclub.de/ub/10

Über den Zugang zur Internetseite des Autors lassen sich die einzelnen Buchkapitel kommentieren. Neben Feedbacks sind auch Fragestellungen möglich, die der Autor per Sprachnachricht oder E-Mail beantworten wird.

Entscheide selbst, ob du Udo Barth persönlich Feedback geben möchtest oder deine Meinung mit der gesamten Leserschaft teilst. Wenn Fragen zur Interaktion mit dem Autor aufkommen, beantwortet unser Verlagsteam diese gerne unter: leserfragen@marianprill-verlag.de

Wertschätzung auf höchstem Niveau

In einem ruhigen Moment denke ich über die vergangenen Monate nach. Durch einen Fluglotsenstreik bekam ich Einblick in unterschiedliche Branchen. Und es sieht danach aus, dass mich das Thema Personalgewinnung die nächsten Wochen und Monate noch beschäftigen wird. Somit wollte der Zufall es, dass ich Menschen mit hohen Werten und viel Energie als neue Auftraggeber gewann. Menschen, die an das glauben, was sie machen und die für ihre Aktivitäten gute Teams benötigen, die ihnen dabei helfen, um die gemeinsamen Ziele zu erreichen. Es war auch der Zufall, der Angelika Wildt und Sebastian Kammnagel bei ihrer Personalgewinnung in die Karten spielte. Ich unterstütze beide nun als Freelancer.

Sich im Recruiting auf zufällige Begegnungen zu verlassen oder auf Glück zu hoffen, scheint mir keine besonders erfolgversprechende Maßnahme zu sein. Und das ist auch gar nicht nötig. Es gibt viele Tools und Techniken am Markt, die inzwischen von Unternehmen eingesetzt werden können, um die richtigen Leute auf sich aufmerksam zu machen. Doch nicht die Technik allein ist es, die die Gewinnung junger Menschen begünstigt, sondern die Fähigkeit, zu verstehen wie sie denken.

Inzwischen bin ich selbst 21 Jahre alt und vermutlich habe ich schon häufiger den Job gewechselt, als so manch 50-Jähriger. Und ich probiere mich weiter aus. Denn wenn ich am Abend nach Hause komme, möchte ich wissen, dass ich etwas Sinnvolles gemacht habe. Es muss mich erfüllen, mich einfach glücklich machen.

Ich habe Kinder trainiert und damit etwas Gutes geleistet. Das hat mich genauso erfüllt, wie die Arbeit im Gartenlandschaftsbau.

Am Abend habe ich mir das Ergebnis angesehen und wusste, wofür ich morgens aufgestanden bin.

Ich habe im Lieferdienst gearbeitet und unterhalte Menschen, wenn ich an meinem Rechner 3D-Designs für die Spielentwicklung entwerfe. Ich zocke Videospiele, seit ich vier bin. Dass ich mein Hobby ein Stück weit auch zum Beruf machen werde, war für mich schon sehr früh klar. Immer wieder habe ich mir die Frage gestellt, wie ein solches Spiel entsteht. Diese Frage war für mich der Einstieg in die Programmierung. Ich bin kein Einzelfall, wenn es um die Wechselwilligkeit im Job geht.

Erst kürzlich beantwortete ich Angelikas Frage, als sie wissen wollte, wieso junge Menschen häufig den Arbeitgeber wechseln. Ich berichtete ihr von den beruflichen Irrwegen meines besten Freundes Michael: Er lernte 2 Jahre Goldschmied. Obwohl ihm das Handwerkliche lag und Spaß machte, tat er sich schwer mit dem Verkauf der edlen Ware an gut betuchte Damen. Doch nicht einmal dies war es, was ihn dazu veranlasste, dem Unternehmen den Rücken zu kehren, sondern sein Chef. Weil dieser cholerisch veranlagt war, kam es ständig zu Reibereien und so brach Michael die Ausbildung ab.

Mein bester Freund ist ein leidenschaftlicher Spieleentwickler, so wie ich auch. Wir lernten uns im Netz kennen und stellten fest, dass wir nicht weit voneinander entfernt wohnen. Obwohl er damals schon überaus brillant war, lehnten ihn die Unternehmen, bei denen er sich bewarb, ab. Der Grund: Zu wenig Berufserfahrung. Für die Arbeitgeber war das Papier, das er vorlegen sollte, wichtiger als seine tatsächlichen Leistungen, was in seinen und in meinen Augen völlig absurd ist. Inzwischen hat er sich selbständig gemacht und die großen Entwicklerstudios stehen heute bei ihm Schlange und kaufen reihenweise seine Leistungen ein. Potenzial, das die damaligen Arbeitgeber verspielt haben. Er hatte sage und schreibe noch weitere 50 Bewerbungen geschrieben und wurde in keinem einzigen Unternehmen angenommen.

Es schien als hätte niemand für diesen hellen Kopf Verwendung. Also schlug er sich zunächst durch und arbeitete als Quereinsteiger in der Hochfrequenzelektronik. Michael erzählte mir, dass man gutes Geld verdienen kann, indem man verschiedene Messungen an Handyplatinen durchführt. Nach einem Jahr erlosch seine Begeisterung, denn der Job wurde ihm zu monoton. Abwechslung fand er dann im Einzelhandel und in einer Drogerie. Dem schlossen sich eine Ausbildung als Sportfitnessbetriebswirt in einer Kampfkunstschule an, aus der er rausflog, weil er krankheitsbedingt einer Weihnachtsfeier fernblieb und er mit seinem Chef ohnehin auf Kriegsfuß stand, denn auch er war ein Choleriker.

Die letzte Station vor der Selbstständigkeit war für Michael die Mitarbeit bei einem großen Sportartikelhersteller. Der Teamgeist und die Motivation, die er dort erfuhr, halfen ihm dabei die persönliche Hürde im Verkauf zu überwinden. Eine Eigenschaft, die ihm heute als Freelancer zu Gute kommt. Ich beantwortete Angelika die Frage so: „Ich glaube, dass junge Menschen merken, ob Arbeitgeber an ihnen wirkliches Interesse haben oder sie nur als billige Arbeitskräfte ansehen.

Ist Letzteres der Fall, werden die Arbeitgeber nur noch an den Geldern gemessen, die am Ende des Monats auf dem Konto ihrer Mitarbeiter eintreffen. Das reicht nicht aus, um eine stabile, nachhaltige und von Vertrauen geprägte Geschäftsbeziehung aufzubauen. Arbeitgeber, die verstanden haben, dass sie mit Menschlichkeit, Offenheit und Ehrlichkeit, mit Visionen, echten Zielen und Werten Top-Kräfte ins Unternehmen ziehen, haben die besten Zeiten noch vor sich. Zumindest ist das meine Meinung.“

Wertschätzung auf höchstem Niveau

Zeit für eine kleine Pause. Was kommt dir in den Sinn, wenn du dieses Kapitel auf dich wirken lässt? Worüber denkst du nach? Udo Barth freut sich auf Feedback und Fragen.

autorenclub.de/ub/11

Über den Zugang zur Internetseite des Autors lassen sich die einzelnen Buchkapitel kommentieren. Neben Feedbacks sind auch Fragestellungen möglich, die der Autor per Sprachnachricht oder E-Mail beantworten wird.

Entscheide selbst, ob du Udo Barth persönlich Feedback geben möchtest oder deine Meinung mit der gesamten Leserschaft teilst. Wenn Fragen zur Interaktion mit dem Autor aufkommen, beantwortet unser Verlagsteam diese gerne unter: leserfragen@marianprill-verlag.de

Nach dem Buch ist vor der Personalgewinnung: Wie dieses Buch entstand

Es heißt, dass Autoren und Autorinnen sich verändern, wenn sie an einem Buch arbeiten. Das kann ich bestätigen. Man gibt viel Herzblut ins Projekt und erlebt wie die Charaktere ein Eigenleben entwickeln. Man arbeitet darauf hin, dass die Leserschaft am Ende ein Printprodukt in den Händen hält, das ihr bestenfalls neue Perspektiven eröffnet.

Durch die Arbeit an diesem Buch hat sich auch bei mir einiges getan. Ich habe Menschen kennengelernt, die mir direkt oder indirekt von ihren Erfahrungen berichteten. Es lässt sich also sagen, dass diese Publikation keineswegs nur das Werk eines einzelnen Autors ist, sondern Teamwork angesagt war.

Ich wollte unbedingt ein Buch über das Thema „Storytelling im Recruiting" herausbringen, weil ich der Meinung bin, dass viele gute Arbeitgeberinnen und Arbeitgeber große Chancen verspielen. Sie sprechen zu wenig über die Dinge, die der potenziellen Arbeitnehmerschaft wirklich wichtig sind. Und obwohl mein Business-Roman die Aufgabe hat, Personalverantwortlichen ins Gedächtnis zu rufen, dass sie die Menschen emotional abholen sollten, um sie für die eigene Sache zu gewinnen, verzichte ich darauf, den Zeigefinger zu heben.

Stattdessen wollte ich beweisen, wie stark Geschichten wirken können. Mir liegt dieses Buchprojekt deshalb so am Herzen, weil es für Unternehmen immer darum gehen muss, die Mitarbeiter zu finden, die auch zum Unternehmen passen.

Für den Flughafen als wichtigsten Ort der Handlung entschied ich mich, weil ich selbst am Flughafen saß, als meine Entscheidung fiel, ein Buch über „Storytelling in der Personalgewinnung" auf den Weg zu bringen. Kurz zuvor saß ich noch in einem Seminar des Storytelling-Experten Alexander Christiani, der den Teilnehmenden vermittelte, in Geschichten zu denken, um richtig zu verkaufen. Dafür bin ich ihm unendlich dankbar. Im Seminar belegte er, dass gute Stories zum richtigen Zeitpunkt im Verkauf seit jeher ihre Wirkung bewiesen haben.

„Was im Verkauf funktioniert, kann doch fürs Recruiting nicht verkehrt sein", dachte ich mir und suchte mir einen Verlag, der mich bei meinem Buchprojekt unterstützen könnte. Fündig wurde ich bei Verleger Marian Prill, der mir von seiner Produktionsmethode „Sprechend Buchautor werden" berichtete und mich davon überzeugte, dass das gesprochene Wort dienlich für die Grundlage eines eigenen Buchs sein könnte.

Er stellte mir die bezaubernde AutorenClub-Buchinterviewerin Lynn Kühner vor, mit der ich die ersten Buchinhalte plante. Durch diese Unterstützung entstanden zunächst die Figuren und ihre Wesensmerkmale. Marian hingegen wurde nicht müde, immer neue Fachleute aus den Bereichen Gastronomie, Pflege und IT ins Boot zu holen, die sich ebenfalls zu Interviews bereit erklärten. Durch ihre eigenen Erfahrungen und die Erzählungen anderer beförderten sie Branchenwissen an die Oberfläche, das mir sonst verborgen geblieben wäre.

Ich erinnere mich an ein fantastisches Interview mit „Gastronaut" Kurt Andreas Höller aus Murnau und danke dir, Kurt, an dieser Stelle sehr herzlich für deine Impulse und Anekdoten.

Ebenfalls ein großes Dankeschön möchte ich Seniorenexpertin Daniela Monika Erber aus Österreich aussprechen, die mit wesentlichen Details aus der Pflege dazu beitrug, dem Charakter Angelika Wildt Leben einzuhauchen. Auch Sabrina Fechtner lieferte wichtige Erkenntnisse, um diese Figur aufzubauen. Sowohl ihr als auch Pia Heßler (Sprachsolution GbR) und Patricia Pfarr bin ich ebenfalls zu großem Dank verpflichtet. Die beiden letztgenannten jungen Damen trugen Erkenntnisse aus der IT-Branche bei, um den personellen Engpass von Linh Cooper-Li wirklichkeitsgetreu nachzubilden. Ein großes Dankeschön geht auch an Ancilla Schmidhauser (Impact Consulting) für ihren Input zum Storytelling.

Selbst in meiner eigenen Verwandtschaft wurde ich fündig, um mir Inspiration aus der Generation Z zu holen. Ein großes Dankeschön geht daher an meinen Neffen Andreas Meier, der mir durch seine eigene Lebensgeschichte vor Augen führte, dass die Millennials alles andere tun, als tradierten Denkweisen nachzutrauern. Andreas lieferte eine Art Blaupause für Marc Frisch, legt selbst eine Offenheit an den Tag, die ihn durch viele Arbeitserfahrungen in zahlreichen unterschiedlichen Unternehmen persönlich wachsen ließ.

Ein junger Mann, der Erfüllung im Garten-Landschaftsbau findet, kann ein Beleg dafür sein, dass es für Personalverantwortliche Zeit wird, alte Denkmuster in Frage zu stellen und gegebenenfalls abzustreifen.

Die Wertorientierung junger Menschen nimmt in einer Zeit zu, in der gesellschaftliche Stabilität abnimmt. Sinn und Erfüllung stehen ganz weit vorn und haben Luxusstreben und Statussymbolik überholt.

Auch auf die Gefahr hin, hier einen Allgemeinposten zu formulieren, behaupte ich, dass denjenigen die Welt gehört, die offen für Kritik sind, sich pausenlos verbessern wollen und bereit sind, ihre Zeit und Kraft in die Dinge zu investieren, die Sinn machen.

Das ist die passende Gelegenheit, um mich auch bei den Testleserinnen und Testlesern des AutorenClubs zu bedanken, die in

33 Sitzungen 446 Feedbacks lieferten und mit den hundertfachen Anregungen dazu beitrugen, das Buch noch viel besser zu machen.

Mein großes Dankeschön gilt auch dem Lektorinnen-Tandem Samira Grobe und Silke Hecht, die das Buch ebenfalls auf Logik prüften und mit der Lupe nach Fehlern suchten und diese behoben. Danke auch an Michelle Hürten, die das Buch setzte und die vielen Worte druckfähig machte, sowie an Melissa für dieses schöne Cover.

Abschließend wünsche ich allen Personalverantwortlichen viel Spaß beim Gehen der vorgeschlagenen neuen Wege und viel Erfolg bei der Gewinnung neuer Mitarbeiterinnen und Mitarbeiter.

Alles Gute
Udo Barth

Nach dem Buch ist vor der Personalgewinnung: Wie dieses Buch entstand

Zeit für eine kleine Pause. Was kommt dir in den Sinn, wenn du dieses Kapitel auf dich wirken lässt? Worüber denkst du nach? Udo Barth freut sich auf Feedback und Fragen.

autorenclub.de/ub/12

Über den Zugang zur Internetseite des Autors lassen sich die einzelnen Buchkapitel kommentieren. Neben Feedbacks sind auch Fragestellungen möglich, die der Autor per Sprachnachricht oder E-Mail beantworten wird.

Entscheide selbst, ob du Udo Barth persönlich Feedback geben möchtest oder deine Meinung mit der gesamten Leserschaft teilst. Wenn Fragen zur Interaktion mit dem Autor aufkommen, beantwortet unser Verlagsteam diese gerne unter: leserfragen@marianprill-verlag.de

Weitere Bücher aus dem Verlag

Nie wieder ein anderes Stück Himmel

Als 21-Jährige beginnt Birgit Möller damit, Ecstasy zu konsumieren, drei Jahre später ist sie schwer heroinabhängig. Für die Geburt ihrer ersten Tochter geht's vom Gefängnis direkt in den Kreißsaal. Erst die Langzeittherapie beendet die dunkelste Zeit ihres Lebens.

Schließlich gründet Birgit Möller ein Unternehmen, das sie mit viel Beharrlichkeit aufbaut. Im Jahr 2017 verzeichnet die Firma das erste Mal siebenstellige Umsätze. Dieser Erfahrungsbereich ist gespickt mit Anregungen für Gründerinnen und Gründer und für Privatpersonen, die sich verbessern möchten.

Birgit Möller
Nie wieder ein anderes Stück Himmel
136 Seiten
ISBN: 978-3-949265-05-1

Überall erhältlich wo es Bücher gibt

Weitere Bücher aus dem Verlag

Betriebsratsarbeit ist wie Fußballspielen

Thomas M. Steins hat viele Antworten auf die Frage, welche Aufgaben Betriebsräten abverlangt werden. Als Strategieberater und Betriebsratscoach unterstützt er Mitbestimmungsgremien, die sich gerade neu gegründet haben oder in Zeiten der digitalen Transformation enormen Herausforderungen gegenüberstehen, mit Know-how und Tools. Für seinen Business-Roman kreierte der Autor die Figur Nele Lingard, eine junge Studentin, die nach einem Schicksalsschlag ihrer Eltern auf der Suche nach Unterstützung ist und diese in einem Praktikum findet, das seinen Anfang in einem Fußballstadion nimmt.

Thomas M. Steins
Betriebsratsarbeit ist wie Fußballspielen
146 Seiten
ISBN: 978-3-949265-01-3

Überall erhältlich wo es Bücher gibt

Weitere Bücher aus dem Verlag

Mach mit beim

1 Million Autoren Buch

Autoren Club
Sprechend Texte schreiben

Autoren Club

Sprechend Texte schreiben

Und wann startest Du Dein Buchprojekt?